GZC 2018 高校主题出版
GAOXIAO ZHUTI CHUBAN

国学品读与家风传承

李湘黔◎著　陈秀满◎插画

西南交通大学出版社
·成　都·

图书在版编目（CIP）数据

国学品读与家风传承 / 李湘黔著. 一成都：西南交通大学出版社，2018.10（2021.6 重印）
ISBN 978-7-5643-6466-3

Ⅰ. ①国… Ⅱ. ①李… Ⅲ. ①家庭道德－中国－青少年读物 Ⅳ. ①B823.1-49

中国版本图书馆 CIP 数据核字（2018）第 226551 号

国学品读与家风传承　李湘黔　著

出 版 人　阳　晓
责任编辑　郭发仔
封面设计　原谋书装

印张　12　字数　165千
成品尺寸　170 mm × 230 mm
版次　2018年10月第1版
印次　2021年6月第2次
印刷　三河市同力彩印有限公司
书号　ISBN 978-7-5643-6466-3

出版发行　西南交通大学出版社
网址　http://www.xnjdcbs.com
地址　四川省成都市金牛区二环路北一段111号
西南交通大学创新大厦21楼
邮政编码　610031
发行部电话　028-87600564　028-87600533
定价　45.00元

前言

中华民族是世界上最古老的民族之一，中华文明绵延数千年而未中断，原因固然很多，但其中一个显著的、为世人所公认的原因就是中华优秀传统文化具有无穷的魅力。在中华文化的沃土上，儒学思想博大精深，重伦理、讲道德，孕育出忠、仁、义、礼、诚、孝、俭、勤等传统美德，产生了诸多启迪时人、泽被后世的传统家训，由此形成了世代相传的优良家风。

家训是指家庭对晚辈立身处世、持家建业的教导性、警示性文书，对家中后辈的成长有着重要的约束和规训作用。家训在中国古代家庭中普遍存在，是中国传统文化的一部分。对待传统文化，应采取取其精华、去其糟粕的态度。

家风又叫门风，是指家庭或家族代代相传的风尚习惯、生活作风，是一个家庭当中的小气候。家风是建立在中华文化之根上的集体认同，是个体成长的精神家园。一个家族代代沿袭下来的精神风貌、道德品质、审美格调和整体气质，对家族或家庭中的成员会产生长远的影响，对于一个民族的发展也会产生巨大的促进作用。

习近平总书记在十九大报告中提出，我国社会主要矛盾已经转化为人民日益增长的美好生活需要和不平衡不充分的发展之间的矛盾。习近平总书记还提出，要坚持中国特色社会主义文化发展道路，激发全民族文化创新创造活力，建设社会主义文化强国。要激发新时代文化创新创造活力，绝不可能离开中华优秀传统文化的土壤，因而很有必要从前人创造的文化丰碑中品读出其对现时代的启迪意义。

为了更好地继承和弘扬中华优秀传统文化，帮助青少年了解和掌握博大精深的国学知识，加强对新时代青少年社会主义核心价值观教育，作者通过查阅文献史料，精选历史上有代表性的家训语段，搜集有关的励志历史故事，又邀请乡土画家陈秀满根据内容进行场景绘画插图，最终编成这本通俗读物。

全书分为八个主题，每个主题又分为四个板块："家训警句"，主要摘录历代代表性家训文献中的部分内容，注明作者和出处，对文中不易理解的字词进行注释；"知识链接"，主要介绍相关背景知识，对家训原作或选文进行简要解读；"新时代家风启示"，结合家训选文主旨，阐明其对当代家风建设的借鉴意义，同时紧密结合社会主义核心价值观的内容，告诫当代青少年一些应该谨记和践行的道理；"开窍小故事"，主要精选励志故事或者有警示作用的史实，其短小精悍，令人读后有余思。

本书融知识性、艺术性、思想性于一体。青少年朋友在了解国学基本知识、学习中华传统美德的同时，还能领悟前人的深邃思想，欣赏画家精湛的插画艺术。家长也可以和孩子一起阅读，有利于培育良好的家庭读书氛围，营造和谐的新时代家风。

李湘黔

2017 年 3 月

目 录

仁爱篇

义正篇

礼让篇

诚信篇

孝道篇

廉俭篇

勤奋篇

忠恕篇

子曰：『居之无倦，行之以忠。』

——《论语》

孔子说：『身居官位不要懒散懈怠，执行君主命令时要有忠心。』

事君必谏，谏于未形

——马融家训警句

忠臣之事君也，莫先于谏[1]，下能言之，上能听之，则王道光矣。谏于未形者，上也；谏于已彰[2]者，次也；谏于既行者，下也。违而不谏，则非忠臣。

——《忠经》

注释：

① 谏（jiàn）：规劝（君主、尊长等），使其改正错误。

② 彰（zhāng）：明显，显著。

知识链接

马融，字季长，扶风茂陵（今陕西省兴平市）人。东汉时期著名经学家，东汉名将马援的从孙。

马融所著的《忠经》是系统总结忠德的专门经典。其中的《天地神明章第一》把忠说成是天地间的至理至德，认为其是评价人们行为的最高准则。马融说的是封建社会的为臣之道，即要忠于国家（也就是忠于君主），其中最主要的表现就是“谏”，即提意见和建议。马家的这种家教传统和做人原则，在现代仍有一定的借鉴意义。

选文的大意是：臣子侍奉君主，首先要善于谏言。下面的人说了，上面的人听进去了，这就是王道。在事情没有发生时提出建议是最好的，在事情已经出现苗头时提出建议算是比较好的，在事情已经发生后才提出建议是最不好的。不提意见或建议，则是不忠的表现。

新时代家风启示

提意见也是正义的表现之一。正义，是指公正的、有利于人民大众的道理。青少年朋友在学习生活中一定要有正义感，要有追求正义、伸张正义的道德意识和观念。在生活中，要敢于指出他人包括长辈的错误和问题，这是我们有社会责任心、有道德担当的表现。当然，提意见或建议时要注意方式方法，也要有基本的礼节和程序，既不能在背后说三道四，也不能在人前添油加醋，更不能恶语伤人。

过街老鼠怕人见，众人一吼如触电。
清明社会德法好，疾恶如仇敢亮剑。

开窍小故事

裕谦誓死守镇海

裕谦，原名裕泰，字鲁山、衣谷，号舒亭，内蒙古镶黄旗（今锡林郭勒盟商都镶黄旗）人，出身于将门世家。

清朝末年，英国对中国发动了鸦片战争。清朝政府让裕谦到镇海大营负责浙江海上的防御。裕谦对守军说，绝对不会以退守为理由，离开镇海一步；也绝对不会以保全民众的性命为理由，接受外国人的屈辱条约。他号召大家一起与镇海城共存亡。

后来英国军队进攻镇海，裕谦不顾敌人的炮火亲自到城墙上指挥战斗，鼓励将士杀敌。但是由于部下余步云的背叛，英军攻进城来，并下令：抓住裕谦或者杀了裕谦者，奖励 5 万两银子；砍掉裕谦一条胳膊或腿者，奖励 1 万两银子。经过几个回合的战斗，清军毙敌多人。这时，裕谦决定改分路迎敌为扼守合击，并派人把这边的战斗情况告诉浙江巡抚（官名）刘韵珂。英军在猛烈炮火的掩护下，从金鸡山、招宝山背面的小港口强行登陆，从金鸡山后占领山梁，又从招宝山后绕到山前，配合舰队炮击，构成三面夹攻之势。最终，招宝山、金鸡山失守，清军几乎全军覆没。英军占领威远城，用大炮俯轰镇海，并开始攀梯登城。

当晚，裕谦看到败局难以挽回，便令江宁副将丰申泰护送钦差关防各印撤离镇海，将关防各印送交浙江巡抚衙署。随后，裕谦向西北方向叩头谢罪后，跳入城池，以身殉国。

忠恕理政，消除私念

——苏瑰家训警句

宰相者，上佐天子，下理阴阳，万物之司命也。居司命之位，苟不以道应命，翱翔自处，上则阻天地之交泰，中则绝性命之至理，下则阻生物之阜植[①]。苟安一日，是稽[②]阴诛[③]，况久之乎？

——《全唐文·中枢龟镜》

注释：

① 阜（fù）植：旺盛生长。
② 稽（jī）：至。
③ 阴诛：冥冥之中受到诛罚。

知识链接

苏瑰，一名瓌，字昌容，京兆武功（今陕西省杨凌市）人，唐朝宰相。

《全唐文》全称《钦定全唐文》，是清嘉庆年间官修唐、五代文章总集，也是迄今唯一最大的唐文总集。全书一千卷，并卷首四卷，辑有唐朝、五代十国文章共 18488 篇（一说 20025 篇）、作者 3042

人（一说 3035 人），每位作者都附有小传。嘉庆十三至十九年（1808—1814 年）由董诰领衔，阮元、徐松、胡承洪等百余人编纂而成。

选文的大意是：宰相，应该忠恕理政，消除私心杂念，上辅佐天子，下调理阴阳。如果不能以正道顺应天命，而是自由行事，那么就会上阻碍天地之气融会贯通，中断绝人性天命至上的道理，下阻碍生灵万物的旺盛生长。像这样苟安一天，长此以往，暗中的惩罚就会到来。

新时代家风启示

人无私心才能公正办事。很多年轻人都去参加各级各类公务员考试，这首先需要端正自己的态度，明确自己的目的，即为了拥有一个更好的平台，展示自己的才能，发挥自己的才智，用人民赋予的权力为人民谋福祉。因此，我们要树立一个正确的理念：公务员是人民的公仆，从政为官是为了更好地为人民服务，而不是为了一己之私。青少年朋友从小要立志，要坚定立场，端正态度。正如党的十九大报告指出的，我们要“不忘初心，牢记使命”。

思想防线莫放松，先人后己心为公。

若是只为私囊饱，东藏西躲一场空。

开窍小故事

大公无私祁黄羊

春秋时期，晋平公有一次问祁黄羊说："南阳县缺个县长，你认为派谁去当比较合适呢?"祁黄羊毫不迟疑地回答说："解狐最合适了，他一定能够胜任!"晋平公很惊讶："解狐不是你的仇人吗？你为什么还要推荐他呢?"祁黄羊说："你只问我什么人能够胜任，并没有问我解狐是不是我的仇人呀!"于是，晋平公就派解狐到南阳县去了。解狐到任后办了不少好事，在老百姓中的口碑相当好。

后来，晋平公又问祁黄羊说："现在朝廷缺少一个掌管军事的官。你认为谁能胜任这个职位呢?"祁黄羊说："祁午能够胜任。"晋平公又奇怪地问道："祁午不是你的儿子吗？你推荐你的儿子，不怕别人讲闲话吗?"祁黄羊说："你只问我谁可以胜任，并没有问我祁午是不是我的儿子呀!"祁午当上了法官后，替人们办了许多好事，很受人们的欢迎与爱戴。

孔子听到这两件事后，十分称赞祁黄羊。孔子说："祁黄羊说得太好了！他推荐人，完全是以才能为标准，不因为他是自己的仇人，便心存偏见，不推荐他；也不因为他是自己的儿子，怕人议论，便不推荐他。像祁黄羊这样的人，才够得上是'大公无私'啊!"

忠孝不失，克尽臣职

——叶梦得家训警句

故曰："求忠臣必于孝子之门。"汝等能孝于亲，然后能忠于君，忠孝不失，庶[①]克尽臣子之职矣。

——《石林家训》

注释：

① 庶（shù）：也许，大概。

知识链接

叶梦得，宋代词人，字少蕴，苏州吴县人。晚年隐居湖州弁山玲珑山石林，故号石林居士。所著诗文多以石林为名，如《石林燕语》《石林词》《石林诗话》等。在北宋末年到南宋前半期的词风转变过程中，叶梦得是起到先导和枢纽作用的重要词人。

《石林家训》是南宋家训的突出代表，修身、尽忠、尽孝、治学、谨言的家训传承千年，影响了一代又一代桐溪叶氏子孙，孕育了后世无数精英。

选文的大意是：忠臣一定要在有孝子的人家求取，你们能对父

母孝顺，也就能够对君王忠心。不丢失忠孝的品德，也就尽到了做臣子的职责。

新时代家风启示

做人要实在，干事要脚踏实地，绝不能眼高手低、好高骛远。人的品行经常会通过一些小事体现出来，对自己的父母都不孝顺，更谈不上对国家忠诚、对社会负责、对集体关心。古人所说“一屋不扫，何以扫天下”，就是这个道理。社会主义核心价值观中的“爱国、敬业、诚信、友善”，从个人层面对公民提出了基本道德规范要求，我们必须认真领悟，扎实践行。

群众眼睛亮如镜，是非真假易分清。
人前人后一个样，自我修心好品行。

开窍小故事

卜式捐财

汉武帝刘彻在位时，匈奴多次骚扰中原，人民生活受到干扰，国家不得安宁。汉武帝希望彻底消除匈奴对汉朝的威胁。

河南有一个叫卜式的人很爱国。每一次汉武帝发兵和匈奴打仗时，他都会向当地的官府捐赠钱财，以此来支持汉武帝对匈奴作战。次数一多，汉武帝以为他必定有所图谋，于是派人去问他是不是要做官。卜式却说："我的田地和牲口可以使我的家人吃饱喝足，我小时候就会耕种和放牧，并感到满足和快乐。但是我不会做官，也不想做官。我觉得现在的生活已经很好了。"虽然卜式这样说了，但是汉武帝还是不太信，觉得他是不是有什么冤屈，希望借这个机会引起官府的注意。卜式又表示，他和乡邻相处得特别好，也没有发生过争执，并且自己还经常帮助乡邻中生活困难的人，教导乡邻中那些行为不好的人，哪里会有冤屈呢？越是这样，汉武帝对卜式的捐款行为越感到奇怪。卜式始终表示，皇帝一心想驱逐匈奴，保护国家的安全，他认为自己没有什么才能和本事帮助皇帝打仗，但是可以用自己的财产来支持汉武帝的行动，为国家效力。

汉武帝知道真相后深为感动，对卜式的爱国行为大加赞赏。

·家训警句·

刚直之气，必不下沉

——韩玉家训警句

此去冥[1]路，吾心皓[2]然，刚直之气，必不下沉。儿可无虑。世乱时艰，努力自护。幽[3]明虽异，宁不见尔。

——《金史·韩玉传》

注释：

① 冥（míng）：昏暗。此处指迷信的人称人死后进入的世界。

② 皓（hào）：洁白，明亮。

③ 幽（yōu）：隐藏，不公开的。此处为迷信说法，指阴间。

知识链接

韩玉，字温甫，南宋词人。著有《东浦词》，世人又称其为“韩东浦”。他文武全才，曾大败西夏于北原，后遭到猜忌，冤死狱中。

选文的大意是：自己即将赴死，但对国家的忠诚，问心无愧，浩然正气绝不会消弭，这个让儿子大可放心。如今世事繁乱艰苦，希望儿子努力保全自己。只可惜与儿子从此生死两别，不能再相见了啊！

新时代家风启示

“讲正气”是中华民族的传统美德之一。孟子最早提出“吾善养吾浩然之气”，自古以来民间也有“邪不压正”一说。因此，青少年朋友应当继承和发扬优秀传统美德，敢于指出不正之风、不良之气。当然，在弘扬正气、匡正错误时，一定要注意方式方法，要走合理合法的程序，不要激化矛盾，要学会保护自己。

自古邪恶不压正，是非面前主义真。
众人聚力齐维稳，共创社会和谐风。

开窍小故事

左光斗告御状

左光斗，字共之，一作遗直、拱之，号浮丘，又号苍屿，安徽安庆府桐城县东乡（今安徽省枞阳县横埠镇）人。著名水利专家，明末东林党的重要成员。为官清正、磊落刚直，被誉为“铁面御史”。

明朝末年，宦官（太监）专权，大太监魏忠贤利用手中的权力，做了很多坏事：欺负老百姓，搜刮民脂民膏，就连他手下的人也仗权作恶，甚至随意杀人。左光斗与朝中一些正直官员志同道合，遇事大胆直言，遭到魏忠贤团伙的忌恨。

有一天，左光斗把魏忠贤做坏事的证据全部都收集起来，和几位与他同样气愤魏忠贤行为的官员到皇帝面前告状。魏忠贤设法驱逐了其他反对他的官员后，准备对左光斗等人采取行动。左光斗很气愤，草拟奏疏，弹劾魏忠贤和魏广微有三十二条当斩罪，准备上奏皇上，并预先将妻子遣还原籍。魏忠贤知道后，提前两天将左光斗和另一官员杨涟免职。接着给左光斗等人安了一个罪名，派差役将其关入诏狱，严刑拷问。杨涟等人经不起拷打，纷纷屈服并同意诬陷左光斗。于是魏忠贤假传圣旨，处死了左光斗。

当时，左光斗的学生史可法听说自己的老师被抓了，想尽办法混进牢里。他发现左光斗已经被折磨得不成样子了，伤心大哭。左光斗发现他最看重的学生到牢里来看他，大骂他的学生，叫他赶紧走。他说，国家已经被奸佞之人弄到这步田地，自己活不长了，但是史可法还很年轻，希望他能为国家做出更多的贡献。

家训警句

为国杀敌，死而后已
——任环家训警句

我儿细细叨叨，千言万语，只欲乃父回衙，何风霜气少，儿女情多耶！

你老子领兵不能讨贼，多少百姓不得安家？啮毡[①]裹革，此其时也，安能学楚囚[②]对儿等相泣帏榻[③]耶？以后世事不知若何，幸而承平，则父子享太平之乐；不幸而战不胜，则夫死忠，妻死节，子死孝，咬定牙关，大家成就一个“是”而已！

——《备倭始末》

注释：

① 毡（zhān）：用羊毛或其他动物毛制成的块片状材料。

② 楚囚：本指春秋时被俘到晋国的楚国人钟仪，此处比喻处境窘迫、无计可施的人。

③ 帏（wéi）榻：床。

知识链接

任环，字应乾，明朝山西长治人。自小饱读诗书，少年时代

又拜师学武。据史书记载，青年时代的任环牛高马大，英俊潇洒，肤色白净，在家乡素有“白面郎君”之誉。任环率领军民奋起抗击倭寇，保境护民，竭尽全力，立下了不朽功勋，是名副其实的抗倭英雄。

选文是他写给儿子的家书，大意是：儿子一直闹着要父亲回家，但父亲重任在肩，要领兵抗倭，确保百姓的安宁。男儿志在高远，国家有难，正是马革裹尸之时，怎能儿女情长，只顾小家之乐呢？

新时代家风启示

我们要正确看待和处理“小家”与“大家”的关系，也就是个人利益与集体利益、国家利益的关系。在个人利益与社会利益、国家利益发生冲突或者矛盾时，切不可患得患失、斤斤计较、抛弃社会责任，损害社会和国家利益。我们始终要懂得一个道理：大河涨水小河满，“大家”和谐“小家”安。

人人生活不一般，大家和谐小家安。
哪怕自家再艰苦，也莫伸手也莫贪。

开窍小故事

大禹三过家门而不入

大禹，名叫文命。大禹的父亲叫鲧（gǔn）。大禹是中国古代有名的治水英雄。

尧在位时，中原地带洪水泛滥，很多人被迫背井离乡。尧决心要消灭水患，于是寻求能人来治水。群臣和各部落首领都推举鲧。鲧以堵的方式治水，花了九年时间，没有收到效果。

后来舜即位，他首先革去了鲧的职务，将他流放到羽山，后来鲧就死在那里。舜也征求大臣们的意见，要求推选人来治水，大臣们都推荐大禹。舜并不因他是鲧的儿子而轻视他，把治水的重任交给了他。

大禹并不因舜处罚了他的父亲而记恨在心，欣然接受了治水任务。当时，大禹刚刚结婚才四天，他的妻子涂山氏是一位贤惠的女人，同意丈夫前去。大禹洒泪和自己的恩爱妻子告别后，便踏上了征程。

大禹带领一批助手，跋山涉水，风餐露宿。大禹吸取父亲采用堵截方法治水的教训，找到了一种疏导治水的方法，事实证明很有效果。

大禹生活简朴，和群众一起劳动，甚至三过家门而不入。有一次他路过自己的家，听到小孩的哭声，那是他的妻子涂山氏刚给他生了一个儿子。他多么想回去亲眼看一看自己的妻子和孩子啊！但是治水任务艰巨，他只向自家茅屋行了一个大礼，眼里噙着泪水，骑马飞奔而去。

大禹治水一共花了十三年时间，终于成功。自此人们又能安居乐业，过上太平生活了。

家训警句

忧国忧民，奋发有为

——沈炼家训警句

范仲淹做秀才时，即以天下事自任。况今南倭北敌，旱魃[1]连年，天变人灾，四方迭见，当此之时，不可为无事矣！汝等不能出一言，道一策，以为朝廷国家；只知寻摘章句，雍容于礼度之间，尝谓责任不在于我。因循岁月，时至而不为，事失而胥[2]溺[3]，则汝等平生之所学者，更亦何益！南方风气秀拔，岂无雄俊才杰之士耶？吾愿汝亲之敬之。其阿庸无识之徒，愿汝疏之远之。

——《青霞集》

注释：

① 魃（bá）：造成旱灾的鬼怪。属迷信说法。
② 胥（xū）：等待。
③ 溺（nì）：淹没。

知识链接

沈炼，字纯甫，号青霞，浙江会稽（今浙江省绍兴市）人，明朝嘉靖时期进士，锦衣卫。因弹劾严嵩罪状，被严嵩陷害。电影《绣春刀》中的锦衣卫沈炼就是以历史中的沈炼为原型的。

《青霞集》为沈炼所著，共十一卷。其诗文类其为人，文章劲健有生气，诗则郁勃磊落，凛然之气可见行间。

选文是沈炼写给儿子的信。大意是：要胸怀天下，不能只知死读书。国家安危、百姓疾苦，不能视而不见、听而不闻。平日饱读诗书，就是为了在关键时刻为国家出谋划策。

新时代家风启示

新时代青少年身处幸福的家庭中，成长在温暖的阳光下，有很好的学习环境和条件，生活无忧虑，学习没阻碍。但我们要谨记，切不可“两耳不闻窗外事”，在抓好学习的同时必须修炼个人的家国情怀，心系天下，想他人之所想，急他人之所急，关心国家的发展、社会的进步，关心特殊群体的生存处境，树立正确的观念，确保思想上不落伍，行动上不掉队。

好好学习多拿奖，同时端正好思想。
路遇他人疾苦事，伸出援手做榜样。

开窍小故事

魏徵直谏唐太宗

唐太宗很乐意听取臣子们的意见，但是唐太宗开始并不喜欢魏徵。因为魏徵总是喜欢当着很多大臣的面提意见，一点不留情面，很多次都惹恼了唐太宗。因此，唐太宗总是把魏徵晾在一边。凡是魏徵提意见，唐太宗都要魏徵说出很多详细的理由。

有一次，边关发生战事。唐太宗发布了一个16岁以上男子都要入伍的命令。当时，皇帝的命令发出去需要大臣签名。魏徵看了这条命令后，坚决不同意签字，唐太宗非常生气。魏徵解释说："法律明确规定，18岁以上的男子才能入伍，现在您把它改成16岁以上，这样说话不算话，以后百姓怎么能相信您？更何况，抽干水来捞鱼，虽然当时获得很多，但是以后就再也找不到鱼了。把树林烧了来捕猎，以后就再也没有猎物了。士兵本来就是贵精不贵多，又何必拉那么多人来凑数呢？"

唐太宗觉得魏徵说得非常有道理，最后取消了这个命令。他对魏徵说："我本来以为你是很顽固、不通事理的人，但是今日听了你的意见后觉得很有道理。"从此以后，唐太宗改变了对魏徵的偏见，在很多问题上都要征求魏徵的意见。

莫务便己，凡事益国

——白云上家训警句

居官莫务便于己，凡事益于国，不欺心，不沽[①]名。

——《白公家训》

注释：

① 沽（gū）：买，卖。这里指谋取。

知识链接

白云上，字凌苍，号秋斋，河南河内（今河南省沁阳市）人，清乾隆武进士。他幼年时，父亲为官清正，家境并不宽裕。正是这样的环境激励白云上奋发向上，“昼夜苦读，寒暑不懈”，终于成就了功业。他曾说：“官乐则民苦，官苦则民乐。以吾一人之苦，易数万之乐，吾独不乐乎？”后因各种原因辞官，侨居扬州。

选文的大意是：做官莫总想到一己私利，做事首先要想到对国家有利，不违背良心，不沽名钓誉。

新时代家风启示

荣誉是一个人优良品行的证明，是社会和他人对一个人所作所为的认同、认可。因此，我们既要靠实际行动去争取荣誉，也要珍惜已经取得的荣誉。但是，凡事都一味地只看重个人荣誉是不可取的，这是个人私欲膨胀的表现。我们坚决不能为了个人声誉而做假事、说假话，更不能损人利己、违法乱纪。

少年强则中国强，从小要为国争光。
凡事不甘落人后，奋力争先做榜样。

开窍小故事

诸葛亮与廖立

三国时期的诸葛亮是一个天下奇才，他不仅足智多谋，而且品格高尚。他一直谨记刘备的临终嘱托，一心一意想辅佐刘备完成兴复汉室的大业。最终，他在北伐中病逝。

廖立，字公渊，三国时期蜀汉重要谋臣，被人评价为可与庞统比肩的奇才。

刘备的荆州南部三郡（长沙、桂阳、零陵）被吕蒙偷袭后，廖立脱身，奔归刘备。刘备不但没有责备廖立，反而任他为巴郡太守。可能正因为如此，后来廖立自恃奇才，胆子越来越大，公然批评先帝（昭烈帝刘备）的政策失误等。

诸葛亮率兵北伐时，身为长水校尉的廖立公然提出不应该贸然北伐，并对此事进行了尖锐的指责和评论，造成了不好的影响。诸葛亮上奏刘禅，弹劾廖立，理由是廖立信口开河，贬低群臣，诽谤先帝，宣扬练兵不当。最终，刘禅将廖立流放到汶山郡这个不毛之地。

廖立很清楚诸葛亮的才华和胸怀，虽然被流放不毛之地，遭受重大人生挫折，但心里对诸葛亮的智慧和品格很钦佩。后来他听说诸葛亮的死讯后，万分悲痛，最终郁郁而终。因为他知道，诸葛亮活着，他还有可能得到诸葛亮的赏识，被重新任用；诸葛亮一死，他将永无出头之日。

受国厚恩，自当竭力

——彭玉麟家训警句

兵凶战危，人人见而趋避之，惟带勇之人不可存此心。吾自率一营，吃尽千辛万苦，受怕耽惊之念亦渐销。不过现在想脱身营伍[①]，万不能：一则受国厚恩，自当尽心竭力，训练水师[②]；一则贼氛未靖，一息尚存，岂容志懈！所谓涓埃[③]未报，寸心难安即在是。

——《彭玉麟家书》

注释：

① 营伍：军队。
② 水师：海军。
③ 涓埃：细流与微尘，比喻微小。

知识链接

彭玉麟，字雪琴，生于安徽省安庆府（今安庆市内），祖籍衡永郴桂道衡州府衡阳县（今衡阳市衡阳县渣江镇）。清朝著名政治家、军事家、书画家，人称“雪帅”。与曾国藩、左宗棠并称“大清三杰”，与曾国藩、左宗棠、胡林翼并称“中兴四大名臣”，湘军水师创建者、中国近代海军奠基人。

《彭玉麟家书》主要以书信的形式记录告诫子弟或禀告双亲的话，明示做人做事的道理。内容庞大，包罗万象，给人以启迪、警醒。

选文的大意是：为人当“为正义作前驱”，要不畏凶险，不畏强佞，不顾身家性命来“为国尽忠”，只要一息尚存，就绝不能懈怠。

新时代家风启示

新时代的青少年生活在和平、幸福的环境中，我们的祖国也正大步朝着富强、民主、文明、和谐、美丽的目标奋进。我们应该谨记，这一切是无数革命先烈用鲜血换来的，是一代代劳动人民用双手创造出来的。作为新时代中国特色社会主义事业的接班人，我们务必了解历史，尊重英雄，绝不能歪曲史实，诋毁英雄。

五星红旗飘呀飘，中华历史要记牢。
时代少年须努力，伟大复兴是目标。

伊尹逐太甲

商朝有位大臣，名叫伊尹。他辅佐了许多任君主，为商朝的发展做出了巨大贡献。商朝的第四任君主叫太甲（商汤的长孙），由于从小没有受到良好的教育，太甲并没有作为一个明君的品性。他凭借自己手中的权力肆意妄为，奴役百姓，残暴无度。太甲当政三年，他不仅不听伊尹的劝告，还推翻先祖遗训，使百姓处于水深火热之中，令诸侯离心。

伊尹写了《伊尹》一书，希望提高太甲的思想品德，改变他的恶习，但是太甲丝毫不改；于是伊尹又写了《肆命》一书，希望太甲熟悉成汤时期的法律制度，明白君主的职责，但是太甲依旧我行我素。伊尹在多次劝告无果之后，只好将太甲放逐到现今河南虞城东北的桐宫，希望他改过自新。

太甲被放逐之后，伊尹当政三年，百姓们都很信服。伊尹是臣子，虽然放逐了太甲，赢得了民心，但是作为道家人物之一，他并不热衷于权力。所以，当太甲在桐宫认真反思自己的过错三年，并且诚心改过之后，伊尹戴着礼帽迎接太甲回来当政。并且，伊尹又创作《咸有一德》一书来告诫太甲为君之道，阐明君臣之间的礼节和制度。太甲在被放逐的三年中，认真学习先祖的遗训和有关史籍，彻底改过自新，后来成为一个明君。太甲在伊尹的辅助下将国家治理得井井有条，百姓安居乐业，诸侯臣服，天下安定。

仁爱篇

曾子曰：『士不可以不弘毅，任重而道远。仁以为己任，不亦重乎？死而后已，不亦远乎？』

——《论语》

曾子说：『士人不可以不志向远大，意志坚强，因为他肩负重任，要走的路很长。把实行仁道作为自己的责任，难道还不重大吗？直到死去才停止奋斗，难道道路还不遥远吗？』

仁爱之举，心甘情愿

——颜之推家训警句

凡损于物，皆无与[①]焉。然而穷鸟入怀，仁人所悯，况死士[②]归我，当弃之乎？伍员[③]之托渔舟，季布之入广柳，孔融之藏张俭，孙嵩之匿赵岐，前代之所贵[④]，而吾之所行也，以此得罪，甘心瞑目。

——《颜氏家训》

注释：

① 与：参与。
② 死士：敢死的勇士。
③ 伍员：伍子胥。
④ 贵：推崇与赞誉。

知识链接

颜之推，字介，琅琊临沂（今山东省临沂市）人，我国魏晋南北朝时期著名的文学家和教育家。

《颜氏家训》共二十篇，用儒家思想教训子孙，是颜之推一生关于立身、治家、处事、为学的经验总结，在封建家庭教育发展

史上有重要的影响，被后世称为“家教规范”。

选文的大意是：凡是会对别人造成损害的事情都不要参与。穷途末路的小鸟飞入怀抱，会得到仁慈的人的怜悯，何况那些敢死的勇士来归顺我，我应该抛弃他们吗？历史上有很多这样的例子，前辈所尊崇的事情，也是我所遵行的，就算因此而获得罪名，我也心甘情愿。

新时代家风启示

仁者爱人，也爱物。新时代的青少年应该树立全面的和谐观，人与人之间要和谐相处，不要尖酸刻薄；自然乃万物生长之基，必须爱护环境，尊重生命；社会是一个大集体，社会稳定和谐，人们才能安居乐业。在实际行动中，我们与人相处，要互相尊重、关心、帮助，诚实、诚信、诚恳；对待自然，要爱护环境，确保青山绿水；身处社会，必须遵守社会公德，传承传统美德。

青山绿水金银山，人和自然是一端。
肆意破坏无节制，不可持续不可安。

开窍小故事

母教子发带兵

春秋战国时期，楚宣王手下有一名大将，名叫子发。有一次，楚宣王派子发领兵对战秦军。当时，楚军出现了粮食不足的危机，于是子发派使者回去告诉楚宣王。使者在见过楚宣王之后又去见了子发的母亲，告知子发的近况以及子发对母亲的思念。

子发的母亲一直关心国家大事，于是她先关切地询问使者："士兵的情况怎么样？"使者有些诧异，回答说："粮食非常紧缺，士兵只能每天吃豆子和野菜来充饥。不过将军每顿都有肉和米饭，请您放心。"子发的母亲听完之后，不仅没有感到开心，反而皱着眉头，很不满地摇了摇头。

之后，楚军的粮食供应上来了，迅速打败了秦军。子发打完胜仗高高兴兴地回家，但是子发的母亲却把他锁在门外，不让他进门，并且告诉他："越王勾践讨伐吴国时，他把别人送他的美酒倒在江流上游，和士兵们一起喝下游的水，没有了美酒，但是士兵的战斗力提高了。后来有人给他一袋粮食，他也将其分给士兵，没人能吃饱，但是战斗力却增强了。而你打了胜仗有什么值得骄傲的呢？这是你的功劳吗？"子发听完后很羞愧，自那以后一直与士兵同甘共苦。

己不爱人，人谁爱己

——司马光家训警句

若已之兄弟且不能爱，何况他人？己不爱人，人谁爱己？人皆莫之爱，而患难不至者，未之有也。

——《温公家范》

知识链接

司马光，字君实，号迂叟。汉代陕州夏县（今山西省夏县）涑水乡人，世称涑水先生。北宋政治家、史学家、文学家。他在书法、经学、哲学乃至医学方面都有很高的造诣。司马光的著作甚多，主要有《资治通鉴》《温国文正司马公文集》《稽古录》《涑水记闻》《潜虚》等。其文《训俭示康》被收入高中语文课本。

选文的大意是：自己的兄弟姐妹都不爱，怎么谈得上爱别人呢？自己不爱别人，别人也不会爱你。如果人与人之间不存在爱，那么在患难之际就不可能获得帮助。

新时代家风启示

爱是一种境界、一种气度、一种修为。对国家、社会、人民的爱是“大爱”，新时代的青少年要懂得爱祖国、爱人民、爱社会主义，维护祖国的尊严，拥护党的领导，忠于人民的事业。对身边的人的爱是“小爱”，要主动关爱他人，时刻心怀感恩之心、怜悯之心，“己所不欲，勿施于人”。

前进路上荆棘多，思想境界不滑坡。
我爱他人人爱我，青春岁月不蹉跎。

刘基公正辅政

刘基，字伯温，浙江青田九都南田山之武阳村（今浙江省文成县南田镇岳梅乡武阳村）人。自幼聪慧过人，12岁考中秀才，乡间父老皆称其为“神童”。17岁时，大家都说他有魏徵、诸葛孔明之才。

有一次，朱元璋因事要责罚丞相李善长，刘基劝说道：“他虽有过失，但功劳很大，威望颇高，能调和诸将。”朱元璋说：“他三番五次想要加害于你，你还设身处地为他着想？我想改任你为丞相。”刘基叩首说道：“这怎么行呢？更换丞相如同更换梁柱，必须用粗壮结实的大木，如用细木，房屋就会立即倒塌。”

李善长辞官归隐后，朱元璋想任命杨宪为丞相，杨宪平日待刘基很好，可刘基却极力反对：“杨宪具备当丞相的才能，却没有做丞相的气量。”朱元璋又问汪广洋如何，刘基回答：“他的气量比杨宪更狭窄。”接着问胡惟庸，刘基又回答道：“丞相好比驾车的马，我担心他会将马车弄翻。”朱元璋于是说：“我的丞相，确实只有先生你最合适了。”刘基谢绝说：“我太疾恶如仇了，又不耐烦处理繁杂事务，如果勉强承担这一重任，恐怕要辜负皇上委托。天下何患无才？只要皇上留心物色就是了。”后来，杨宪、汪广洋、胡惟庸都因事获罪。

朱元璋在刘基的辅佐下，为政宽仁，百姓安居乐业。

家训警句

崇尚仁义，和睦向上

——钟于序家训警句

总之角胜争长，舟中谁非敌国[①]。倘其平情合理，宇内尽若阳春。念此父母之邦，奚容秦越之视[②]。务解纷而排难，远近共藉其干掫[③]。且济困而扶菑[④]，彼此交资为筦[⑤]库。

——《宗规》

注释：

① 舟中谁非敌国：同船的人都是敌人，指众叛亲离。
② 秦越之视：比喻关系疏远。
③ 干掫（zōu）：捍卫。
④ 菑（zāi）：古同“灾”。
⑤ 筦（guǎn）：此处同“管”。

知识链接

钟于序，清康熙年间进士。史书中关于他的记载不多，其所著《宗规》对后世影响较大。《宗规》是钟于序为子孙定下的立身治家的准则，共十则。选文部分为“和乡党”篇，告诫家人处世应崇尚

仁义、和睦向善，很有现实意义。

选文的大意是：做人要心平气和，不要处处与人为敌，一定要消除矛盾，同心协力，互相帮助，共建君子之乡。

新时代家风启示

人是社会的人，人也只有在一定的社会环境中才能成其为人。因此，我们在与人相处时，要积极营造一个温馨和谐的氛围，互相帮助，互相理解。如果每个人都一意孤行，大家就难以达成共识；一个人如果与其他人矛盾不断，与集体格格不入，那么在遇到困难时就会孤立无援，举步维艰。赠人玫瑰，手留余香。我们在帮助他人的同时，也给自己构建了一片快乐的天地。

身处集体要相商，赠人玫瑰手留香。
自私自利我唯大，凡事不顺要遭殃。

开窍小故事

将相和

战国时期，赵国有个文人叫蔺相如，因为在外交上立过功，被提升为丞相。赵国的名将廉颇对此极不服气，认为自己身经百战才成为将军，而蔺相如靠一张嘴竟然被提升为丞相，地位远远高于自己。于是，廉颇处处与蔺相如为敌。蔺相如一直对廉颇忍让，别人看到这一切后感到愤愤不平。蔺相如却说，强秦不敢入侵赵国，就是因为文有我蔺相如，武有他廉颇。如果我们发生内讧，赵国就非常危险。后来廉颇得知，感到非常惭愧，亲自上门负荆请罪，从此二人和睦相处，互相关照。赵国有此二人，秦国一直不敢入侵。

·家训警句·

身临其境，宽恕待人

——张廷玉家训警句

凡人看得天下事太容易，由于未曾经历也。待人好为责备之论，由于身在局外也。“恕”之一字，圣贤从天性中来；中人以上者，则阅历而后得之；姿秉庸暗者，虽经阅历，而梦梦如初矣。

——《澄怀园语》

知识链接

张廷玉，字衡臣，号砚斋，安徽桐城人。清康熙时任刑部左侍郎，雍正帝时曾任礼部尚书、户部尚书、吏部尚书、保和殿大学士（内阁首辅）、首席军机大臣等职。死后谥号“文和”，配享太庙，他是整个清朝唯一一个配享太庙的汉臣。

《澄怀园语》是张廷玉训诫子侄的语录。其内容主要是关于修身为人、立德处世方面的，记载的是他平时居家、读书、处事、接物的点滴感受与心得，很值得今人研读。

选文的大意是：一般人看事情觉得很容易，是因为他没有经历过。对待他人总喜欢责备，那是因为自己身在局外。圣贤之人天性就能宽恕待人，换位思考；中等修行以上的人，在有了丰富阅历后

才懂得这一道理；天性愚钝的人，即使经历过，也是懵懵懂懂，无法领悟这一道理。

新时代家风启示

严以律己、宽以待人，这是每一个人都应具有的基本品德。一些年轻人总喜欢用放大镜看别人，与他人发生矛盾时不善于从自己身上找原因，总将错误归咎到别人身上；做错了事情，不会从主观上分析原因，只在客观因素上找借口。这些都是不对的。为人需要大度，退一步海阔天空，这是一种做人的气度和修养，如此才能获得他人对自己的尊重。

待人接物要学乖，让步胸怀似大海。
严对自己宽待人，人生路上多出彩。

朱冲仁义处事

西晋时期有个人叫朱冲，他很有才华，经常以美德感化百姓，宽容友爱他人。

有一次，朱冲的邻居丢了一只牛犊，找了许久都没有找到，非常着急。后来，邻居看到了朱冲家的牛犊，发现朱冲家的牛犊大小、颜色都和自己家的一般模样，顿时产生一个念头：把朱冲家的牛犊领回家，来弥补自己的损失。于是，他偷偷地把朱冲家的牛犊拉走了。朱冲听别人说了这件事后，只是笑一笑，并没有责怪他的邻居。后来，邻居在山林里找到了自己家的牛犊，想着当时自己的表现，感到非常羞愧。于是他归还了朱冲的牛犊，并给朱冲赔礼道歉。朱冲原谅了他，没有指责他的过错，反而为邻居的转变而感到高兴。

家训警句

周济贫苦，不可吝啬

——刘沅家训警句

我们有穿有吃，一家饱暖，要想那莫穿莫吃、饥寒之人，何等凄惨！自己凡事节俭，若有余钱，便周济[①]贫苦。从兄弟家门亲戚起，以次而推，不要吝惜[②]。

——《寻常语》

注释：

① 周济：在物质上给以帮助；接济。

② 吝惜（lìnxī）：过分爱惜自己的财物，当用不用。

知识链接

刘沅，清代四川学者，是被人奉为“教主”的学问大家。其著作《槐轩全书》，以儒学元典精神为根本，融道入儒，会通禅佛；又创立槐轩学派，名震一时。他在医学上也颇有成就，是名医郑钦安的老师，被后世尊为“火神之祖”。

刘沅有“成己成人之品量”，其家人也有文人风范。他历来就关心贫苦老百姓的生活，注重慈善事业。

选文的大意是：我们自己的基本生活有保障，就应该想想那些贫苦人的生活。平时要节俭一些，如有剩余，就接济一下贫苦的人。首先从家里亲戚开始做起，然后旁及外人，不可吝啬。

新时代家风启示

做人要有怜悯之心。现在我们国家正处于决胜小康社会、夺取新时代中国特色社会主义伟大胜利的关键时期，虽然全国人民的物质生活水平、精神文化生活水平大大提高，但由于地区差异、历史原因等，许多边远地区的发展仍很落后，“悬崖村”“天梯小学”的情况依然存在，由于自然原因，地震、泥石流等自然灾害频发。青少年应该保持仁爱之心，担当社会道义，尽己之力帮助他人。

社会担当责任心，时代少年好胸襟。
一方有难八方助，小小举动境界新。

开窍小故事

丙吉和他的车夫

丙吉，字少卿，鲁国（今山东）人，是一位非常有名的贤相。他待人特别友爱宽容，也乐于礼让他人。

据说他有一个非常不懂礼貌的车夫，这个车夫特别喜欢喝酒，平时对丙吉也不够尊重，很多人都觉得丙吉应该换一个车夫。有一次，他的车夫喝醉了酒，并且吐在车上，弄脏了马车。丙吉的下属非常生气，认为必须换掉这个车夫。但是丙吉说："他现在喝醉了，如果把他赶走，他又能到哪里去呢？他以后的日子又该怎么过呢？再说了，他并没有犯很大的过错，只是把我的马车弄脏了而已，这没有多么严重。"

后来有一次，车夫看到从边关来了一匹马，并飞奔进了京城。车夫是边关人，因此对边关的事情特别关注。见此情景，车夫意识到有大事要发生。他上前一打听，才知道边关有紧急敌情，于是马上回去告诉丙吉，并且希望丙吉查明事情的真实情况，好早做准备。丙吉听取了车夫的意见，派人去调查这件事情。没过多久，皇上就召集臣子们商议这件事情，大家都不清楚怎么回事，只有丙吉禀告了边关的真实情况，皇帝非常欣赏丙吉，认为他非常贤能，此后对他更加赏识。

家训警句

仁心之发，一鼓作气

——曾国藩家训警句

凡仁心之发，必一鼓作气，尽吾力之所能为。稍有转念，则疑心生，私心亦生。疑心生，则计较多而出纳[1]吝矣；私心生，则好恶偏而轻重乖矣。

——《曾国藩家书》

注释：

① 出纳：付出。

知识链接

曾国藩，初名子城，字伯涵，号涤生，中国近代政治家、战略家、理学家、文学家，湘军的创立者和统帅。

《曾国藩家书》是曾国藩“和以治家”宗旨的体现，主要强调“勤以持家”，在家庭成员中讲究人人孝悌的原则。

选文部分是曾国藩为告诫弟弟而写的，大意是：要多发仁心，一鼓作气。我们有了疑心就会斤斤计较，就会产生私心；有了私心就会有偏好和憎恶，就会丧失判断事物的标准。

新时代家风启示

俗话说："宰相肚里能撑船。"说的是做人应该宽宏大量，心胸宽广，遇事不要斤斤计较。现在有些青少年朋友，由于在家娇生惯养，在同学中间以极强优越感自居，凡事都要求他人服从自己，而不顾他人的感受；一旦发现别人的过错等就揪住不放，穷追猛打。这些都是不对的。我们应该互相理解，换位思考，坦诚相待，多从自己身上找原因，和同学、朋友一起改正缺点，共同进步。

喜对他人乱吆喝，哪来放肆公子哥。
若要前路行得远，从小修身要严苛。

蒋琬宽容对下属

三国时期，蜀国的丞相叫蒋琬，他是零陵湘乡（今湖南省湘阴县）人，与诸葛亮、董允、费祎合称“蜀汉四相”。蒋琬当丞相前，诸葛亮特别看重他，一直把他作为自己的接班人来培养。蒋琬也并没有让诸葛亮失望，非常好学，才华横溢，心胸宽广，很受人敬佩。

蒋琬当上丞相后，有一次，他去检查下属的工作。其中一个属下叫杨戏。他沉默寡言，所以蒋琬和他说话时，他一直不回话。当时正好有人特别不喜欢杨戏，就向蒋琬说了杨戏的坏话：“杨戏作为您的下属，您说话他却不搭理您，实在是太没有做属下的样子了！”蒋琬却说：“每个人的想法都是不一样的，杨戏虽然不与我说话，但是这是他自己真实的想法，他没有为了恭维我而说谎，实在是一个很爽快的人，他比那些表面上和背地里不一样的人好多了。”

类似的事情还有很多，蒋琬公正的做法赢得了大家的称赞，蜀国的官民也越发尊敬他了。

义正篇

子曰：『君子之于天下也，无适也，无莫也，义之与比。』

——《论语》

孔子说：『君子对于天下的事情，没有固定的厚薄亲疏，只要按照道义的标准去做就行了。』

家训警句

交往有度，宜亲正人

——姚舜牧家训警句

交与宜亲正人，若比之匪人，小则诱之佚[①]游以荡其家业，大则唆之交构以戕[②]其本支[③]，甚则淫欲以丧其身命。可畏哉！

——《药言》

注释：

① 佚（yì）：放荡。
② 戕（qiāng）：杀害。
③ 本支：同一家族的嫡系和庶出子孙。

知识链接

姚舜牧，字虞佐，乌程人。生于明世宗嘉靖二十二年（1543年），约卒于熹宗天启二年（1622年），享年八十岁。著有《药言》《乐陶吟草》三卷以及《五经四书疑问》《孝经疑问》《四库总目》，并传于世。

《药言》是姚舜牧创作的家训作品，亦名《姚氏家训》。《药言》对当前社会人际交往、理家修身等方面有一定的指导意义。

选文的大意是：应当与正人君子交往，假使与行为不正的人亲近，小则会倾家荡产，大则会遗祸家族，更严重的则会让人失去身家性命。

新时代家风启示

近朱者赤，近墨者黑。客观环境（包括周边的人）对一个人的成长会产生很大的影响。青少年朋友正处于成长的关键时期，涉世不深，对周边事物的是非没有较强的判断能力。因此，父母和其他人的教诲和影响不容忽视。我们应该保持一种积极向上的心态，多向身边的榜样学习，培养自己达观、包容、向善的人生品格，为自己的健康成长积聚更多的正能量。

培育子女如盖楼，父母必须带好头。
上梁不正下梁歪，到了最后直犯愁。

汉明帝拒亲选贤

汉明帝刘庄非常推崇儒学和尊重老人，他在选任官员时从来都是选贤任能，而不会因为是自己的亲人就让他做官。

有一次，汉明帝刘庄的姐姐馆陶公主刘红夫想为她的儿子谋个郎官职位，馆陶公主觉得皇帝作为她儿子的舅舅，这是一件很简单的事。但汉明帝并没有答应。为了不让馆陶公主觉得没面子，他没有直接拒绝她，而是赏赐了她儿子很多铜钱。馆陶公主走了以后，他就对所有大臣说:“天上所有的星辰中有一颗郎位星，可见郎官这个位子是要听从上天安排的，当这个官的人要管理百姓，责任非常重大，所以必须是真正有才能的人才可以做这个官。否则，老百姓就要受苦。馆陶公主的儿子是不是贤能，我还不知道，所以我不能随便答应她的请求。”

勉人为善，先须自省

——袁采家训警句

勉人为善，谏人为恶，固是美事，先须自省[①]。若我之平昔自不能为人，岂惟人不见听，亦反为人所薄[②]。

——《袁氏世范》

注释：

① 自省（xǐng）：自我反省。

② 薄：鄙薄。

知识链接

袁采，生年不详，卒于1195年，字君载，信安（今浙江省常山县）人。著有《政和杂志》《县令小录》《袁氏世范》三书，今只有《袁氏世范》传世。他曾三入雁荡山实地考察，纠正了雁山图的误差，撰写《雁荡山记》一篇，记叙了当时的雁荡名僧、寺庙及新辟景观等。

《袁氏世范》共三卷，分《睦亲》《处己》《治家》三篇，内容主要包括对父子、兄弟、夫妇、妯娌、子侄等各种家庭成员关系的处

理，家人族属如何和睦相处的各种准则，立身、处世、言行、交友之道，以及持家兴业的经验。

选文的大意是：别人做了好事，对他进行勉励赞扬；别人做了坏事，对他进行规谏劝告。这当然是好事。但是，必须首先自我反省。如果平时不注意为人处世，别人不仅不会听你的，自己也会遭人鄙薄。

新时代家风启示

正人先正己，正己才能正人。我们要求别人做好，首先自己就要做好。榜样的力量是无穷的，也是无声的。因此，我们要正确认识自己，要善于取长补短，善于听取他人的意见和建议；同时也要敢于揭短亮丑，虚心接受他人的批评，完善自己、提高自己，用自己的言行影响和带动身边的人。尤其是青少年，从小就要养成好的习惯，树立正确的观念，扣好人生的第一粒扣子。

要想正人先正己，发现问题敢张嘴。
揭短亮丑受教育，人生扣子第一粒。

陈孟熙与陈毅

陈孟熙是陈毅的哥哥，四川乐至人。陈孟熙和陈毅两个人选择了完全不相同的人生道路：陈孟熙是国民党官员；陈毅参加南昌起义，成为共产党人。

1927年，陈毅在武汉从事革命工作，准备参加南昌起义。陈孟熙北伐至武汉。两兄弟分别之时，陈孟熙对陈毅说："我们无论是去起义，还是去北伐，不要只想着升官发财，只要能够赶走外国列强、打败军阀、富强国家就无憾了。"陈毅回答哥哥说："想当官也是可以的，但是做官一定要做清正廉洁的官。"

后来，陈孟熙到西昌去禁烟。那时禁烟的官员可以借机敛财，因此非常有钱。但陈孟熙一直生活俭朴，他不收任何人的钱财，并且坚持要完成禁烟的任务。有一次，他查出了一个官员和土匪联合贩卖鸦片的案子，准备根据法律程序来办。但涉案人员背后的势力巨大，陈孟熙为此被罢免了官职。不得已，他借了三千元带着下属离开了西昌。离开的时候，他还写了一副对联，大意是：当了八个月的禁烟专员，欠了三千元的债，两袖清风，只留下了一颗像菩提一般清正廉洁的心，我实在是乐在其中啊！陈毅知道这件事情后非常高兴，当即写了一封家书给陈孟熙，以表达他的赞赏之情。

砥砺名节，抵挡流俗

——孙奇逢家训警句

些小得意与些小失意而遂改其常度[①]者，固是器识之小，正缘不知学之故。不学墙面[②]，人生不幸，莫大于是。尔今日立身之始，须有一段抵挡流俗[③]之志。

——《孝友堂家训》

注释：

① 常度：平时的气度。
② 墙面：面墙而立，目无所见。比喻不学无术。
③ 流俗：社会上流行的风俗习惯，多含贬义。

知识链接

孙奇逢，明末清初理学大家。字启泰，号钟元，晚年讲学于辉县夏峰村 20 余年，从者甚众，世称“夏峰先生”。与李颙、黄宗羲齐名，合称“明末清初三大儒”。

《孝友堂家训》是孙氏后人在孙奇逢的著作（如《日谱》）当中选取他和子侄辈对话中涉及亲师取友、为人处世的内容，一条一条辑录而成。

选文的大意是：不要因为一时或一事的得失而改变自己的气度。目无他物，不学无术，这是人生最大的悲哀。总之，立身要有气量，必须有一种抵挡流俗的志气。

新时代家风启示

人生须有志，立志须尽早。注重立志，善养“浩然之气”，就能涵养从容内敛的气质，凝聚坚定自信的精气神。从小无志气，就不会形成积极的人生态度，更不会产生令人敬佩的个人魅力。气度是一个人包容世界的能力，是对人和事的态度，是一个人修养的集中体现，青少年从小就要树立乐观豁达的人生态度，既不睚眦（yá zì）必报，也不随波逐流。

小小年纪莫依赖，不知不觉会惯坏。
宝剑锋从磨砺出，梅花香自苦寒来。

开窍小故事

岳飞精忠报国

岳飞是我国历史上伟大的抗金英雄。他出生于南宋时期一个普

通农家。相传在岳飞出生时，房屋上落了一只大鸟，大鸟在屋脊上盘旋飞翔并不停地大声鸣叫。岳飞的父亲认为此兆甚妙，因此给岳飞起字鹏举。

岳飞生活的年代，正是南宋朝廷昏庸腐朽的年代。当时，与南宋政权对峙的主要是金政权。金政权是女真族建立的。金朝统治者为了统一中原，不断派兵南下骚扰南宋，准备灭掉南宋。南宋的百姓不甘心忍受金的奴役，纷纷起来反抗，抵抗金的侵略，和金朝的军队进行殊死抗争。

年轻的岳飞和村中的很多有志青年一起参了军。他的文韬武略很快就开始显露出来。岳飞在军队中屡建功勋，金朝的军队没有占多少便宜。但是，由于南宋的最高统治者对金政权的侵略行径采取妥协、退让、姑息、纵容的方针，不顾广大百姓的死活，只想“苟安于世”，加上南宋朝中有秦桧这样的大奸臣，南宋军队后来被金军打得落花流水。

见此情景，岳飞呼吁人们起来反抗。岳飞的母亲为了支持儿子的行动，不让儿子挂念小家而顾大家，在岳飞的背上刺上了“精忠报国”四个字，鞭策岳飞奋勇杀敌。岳飞以“精忠报国”为信念，在同金军作战的同时，还要和朝中的投降派作斗争。岳飞数次上书，痛斥秦桧等人的行径，要求极力抗战。由于宋高宗胆小怕事，一味妥协退让，反而认为岳飞可能会激怒金朝，于是在奸相秦桧的挑拨离间下，革去岳飞的官职，连下 12 道金牌从战场上召回岳飞。岳飞被召回后，奸相秦桧罗织罪名，诬蔑岳飞谋反，最终以“莫须有”的罪名在风波亭秘密杀害了年仅 39 岁的岳飞。

岳飞惨死风波亭，人们十分气愤，后人把岳飞葬在美丽的西湖边，并在旁边铸了秦桧等四人的跪像，让他们永远跪在岳飞墓前。

·家训警句·

事亲交友，惟有志义

——王夫之家训警句

潇洒安康，天君无系。亭亭鼎鼎[①]，风光月霁[②]。以之读书，得古人意；以之立身，踞豪杰地；以之事亲，所养惟志；以之交友，所合惟义。惟其超越，是以和易。光芒烛天，芳菲匝地[③]。深潭映碧，春山凝翠。寿考[④]维祺[⑤]，念之不昧。

——《姜斋文集》

注释：

① 亭亭鼎鼎：高洁得体。
② 霁（jì）：停止下雨，天空放晴。
③ 匝（zā）地：遍地。
④ 寿考：年高，长寿。
⑤ 维祺：维，助词，无实际意义。祺，福。

知识链接

王夫之，字而农，号姜斋，又号夕堂，湖广衡州府衡阳县（今湖南省衡阳市）人。他与顾炎武、黄宗羲并称“明清之际三大思想

家”。自幼跟随父兄读书，青年时期积极参加反清起义，晚年隐居于石船山，著书立传，学者遂称之为“船山先生”。

选文的大意是：为人要清高脱俗，潇洒健康，心无拘束。拥有高洁得体之心，犹如雨过天晴，可见一片明净的景象。以这样的心境去读书，就能领略到古人的深意；以这样的心境去立身处世，就能成为英雄豪杰；以这样的心境去侍奉双亲，就能仰承他们的志向；以这样的心境去交朋友，就能符合道义。因为志趣高洁，所以能谦和平易。这样的志向就像灯烛辉煌，光芒照人；如花草满地，香气袭人。像深潭映着碧波，春山凝成翠色。这样才能高寿多福，万古长青，希望你们不要忘记。

新时代家风启示

人逢喜事精神爽。一个人心胸开阔、心情舒畅，那么他接触的一切给人的感觉都是美好的、催人奋进的。反之，当我们遇到不顺心的事时，我们要善于转换心态，从好的角度去看待问题，不要一味地怨天尤人，悲观失望。《塞翁失马》已经讲清楚了这个道理。因此，青少年朋友应努力培养乐观豁达、昂扬向上的人生态度，时刻保持潇洒大度的气质和平静自然的心境。

东边不亮西边亮，过了黄河有长江。

一件事情辩证看，福祸相依心不伤。

开窍小故事

吴下阿蒙，刮目相看

三国时期，吴国有一位大将叫吕蒙。他从小家贫，依靠姐夫邓当生活。也正因为如此，他没有读多少书。从军后，他苦练武功，军队中繁忙的生活使他无法认真读书。

后来，吴王孙权要他认真读书，吕蒙就说军中事务太多了，根本就没心思看书。孙权说：“你说你军中事务多，难道比我还多吗？我还经常读史书、兵书，读后自己觉得收益很大。”听了吴王的话，吕蒙觉得自己确实应该读书以明智，于是发愤读书，孜孜不倦。都督鲁肃曾去看望吕蒙，最初对吕蒙还有轻视之意。经过交谈，发现吕蒙在某些方面比自己知道得还多，于是高兴地对吕蒙说：“我以为你只有武略，想不到你现在这样博学多识，已不是以前的吴下阿蒙了。”吕蒙说：“士别三日，自当刮目相看嘛。”

家训警句

读书勿急，旨在德业

——唐彪家训警句

尝见人家子弟，一读书就以功名富贵为急，百计营求，无所不至。求之愈急，其品愈污，缘此而辱身破家者多矣。至于身心德业，所当求者，反不能求，真可惜也。

——《人生必读书》

知识链接

唐彪，清代人，字翼修，浙江兰溪人，当时被誉为“金华名宿”。

选文的大意是：读书应当刻苦深入，追求“身心德业”，不应该读一点书就急于求取功名。越看重功名，就越会丧失修养和品德，因为这个而身败名裂的人有很多。至于身心德业方面该追求的反而没有追求到，太可惜了。

新时代家风启示

读书到底为了什么？相当一部分人认为是为了找一个好的工

作，这并没有错。但不能认为读书就是为了满足个人利益。概括地讲，读书可以益智，扩大知识面，开阔视野，拓展思维；读书可以修身，积淀文化底蕴，提高综合素质，提升个人魅力；读书可以长技，学习先进技术和方法；读书可以交友，与时人交心，与古贤对话。另外，要读好书，否则对自己也没有益处。

书到用时方恨少，后悔当初打猪草。
修身益智长知识，青春年少要趁早。

悬梁刺股

东汉有一个人叫孙敬，是一个著名的政治家。他年轻时勤奋好学，每天废寝忘食，时间长了也不休息，累得直打瞌睡。他担心睡觉耽误自己学习，就想了一个主意。古时候，男子的头发很长，他就找来一根绳子，绳子的一头捆住自己的头发，另一头牢牢地绑在房梁上。打盹时，头一低，绳子就会牵住头发，扯疼头皮，这样自己马上就会清醒，可以继续学习。

战国时期有一个人叫苏秦，也是一个著名的政治家。他年轻时，由于学问不多，到哪里都不受重视。回到家里，家人对他也很冷淡，经常瞧不起他。因此，他下定决心，发奋读书。为了争取时间读书，消除困意，他准备了一把锥子，一打瞌睡，就用锥子往自己的大腿上刺一下以求清醒，就这样坚持读书。

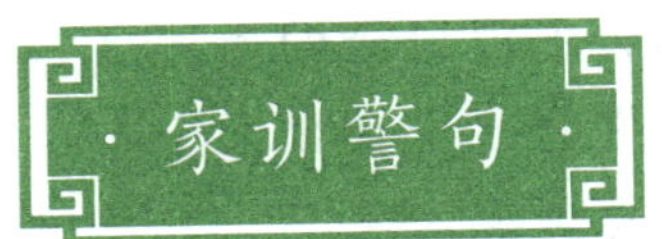

欲根不断，愁火常煎

——刘德新家训警句

盖吾人之道德品谊[①]，当向胜于我者思之，则希圣齐贤，而奋励之心自起。吾人之居处服食，当向不如我者思之，则随缘安分，而觊[②]视之念自消。苟[③]非然者，不以不如人之道德品谊为耻，而以胜于我之居处服食为羡。身在今日，心在他年，欲根不断，愁火常煎。

——《余庆堂十二戒》

注释：

① 品谊：品性。
② 觊（jì）：希望得到。
③ 苟：假如。

知识链接

刘德新，字裕公，清朝浚县知县，今辽宁省开原市人，生卒年不详。生于官宦之家，其父功勋卓著，科举不第，依靠父亲的功劳生活。

刘德新的《余庆堂十二戒》以随笔杂文的形式畅谈人生，善用比喻、托物咏志，以史实典故喻照今人，引人入胜。

选文的大意是：人在道德品行上，应向比自己强的人学习，这

样才能激发赶超圣贤奋发向上的心志。在饮食起居方面，应该向那些不如自己的人看齐，安分守己。如果不这样，不以自己的道德品行不如别人为耻，反而羡慕别人的饮食起居条件好，身在今天，心却在将来，欲望太盛，这样的人就会一直受忧愁煎熬。

新时代家风启示

欲望是人的一种本能，本身无善恶之分，关键在于如何调节和控制。正常的欲望可以使人努力奋进，不断实现人生的阶段性目标。一旦欲望挣脱缰绳，不断膨胀，就会超越道德的底线，逾越法律的红线。因此，我们要正确理性地控制自己的欲望，不与人攀比，不与人争强斗狠，做到知足常乐、怡然自乐。

欲望是个无底洞，一旦越界罪孽重。
己与他人不可比，知足就好欢乐颂。

开窍小故事

烽火戏诸侯

周幽王是个荒淫无道的昏君，他不思挽救周朝于危亡，不体恤百姓，反而重用佞臣，盘剥百姓。大臣褒珦（xiàng）劝谏周幽王，周幽王非但不听，反而把褒珦关押起来。褒珦的族人为了把褒珦救出来，听说周幽王好美色，于是到处寻访美女，终于在褒城内找到一位女子，于是教她唱歌跳舞，并把她打扮起来，起名褒姒（sì），献于周幽王。

周幽王自得褒姒以后，十分宠幸她。褒姒虽然生得艳如桃李，却冷若冰霜，自进宫以来从来没有笑过一次。周幽王为了博得褒姒开心一笑，想尽了一切办法，可是褒姒仍终日不笑。有个佞臣叫虢（guó）石父，他替周幽王想了一个主意，即用烽火台一试。

烽火本是古代敌寇入侵时的紧急军事报警信号。一旦犬戎侵袭，首先发现的哨兵立刻在台上点燃烽火，邻近烽火台也相继点火，向附近的诸侯报警。诸侯见了烽火，就知道京城告急，就会赶来救驾。

昏庸的周幽王采纳了虢石父的建议，带着褒姒，命令守兵点燃烽火。一时间，狼烟四起，烽火冲天，各地诸侯以为犬戎打过来了，带领本部兵马急速赶来救驾。诸侯到了骊山脚下，连一个犬戎兵的影子也没见到。周幽王派人告诉他们说，没什么事，不过是大王和王妃放烟火取乐。褒姒见千军万马招之即来，挥之即去，觉得十分好玩，禁不住嫣然一笑。周幽王大喜。为此，他数次点燃烽火戏弄诸侯，诸侯就再也不来了。

后来，周幽王听到犬戎进攻的消息，急忙命令点燃烽火，但诸侯不再理会。犬戎兵杀死了周幽王，西周宣告灭亡。

不议他人，戒骄戒躁

——曾国藩家训警句

弟言家中子弟无不谦者，此却未然[1]……凡畏人不敢妄议论者，谦谨者也；凡好讥评人短者，骄傲者也……谚云："富家子弟多骄，贵家子弟多傲。"非必锦衣玉食[2]，动手打人，而后谓之骄傲也。但使志得意满，毫无畏忌，开口议人短长，即是极骄极傲耳。

——《曾国藩家书》

注释：

① 未然：不是这样。

② 锦衣玉食：形容奢侈豪华的生活。

知识链接

曾国藩，中国近代政治家、理学家，湘军的创立者和统帅。

选文的大意是：弟弟说家里子弟没有不谦和的，并非如此……凡是因为惧怕别人而不敢妄加议论别人的，属于谨慎谦和的人。凡是喜欢讽刺批评别人短处的人，属于骄傲的人。谚语说："富家子弟多骄，贵家子弟多傲。"并不是一定要锦衣玉食、动手打人才叫骄傲。只要稍微得志，便肆无忌惮，开口议人短长，那就是极度骄傲。

新时代家风启示

在背后议论他人是很不礼貌的，更是心胸狭窄、没有修养的表现。有心思和时间议论别人，说明花在自己身上用于反省的时间就很少，这样不利于集中精力学习，不利于冷静客观地查找自己的问题和不足，从而影响自己的健康成长。如果对人对事有意见或者建议，可以当面提出来，也可以以书面形式提交上去供人讨论。

张家土来李家洋，千万不要嘴巴长。
自身言行不检点，无异人前耍流氓。

开窍小故事

陆纳杖打侄儿

陆纳是东晋后期的官员，吴郡吴县（今苏州市）人。他非常正直，以勤俭为美德，品性优良，情操高尚，受到很多人的尊重。他被人举荐为吴县太守，后来因为有良好的政绩和高尚的品德，当上了户部尚书。他上任时，开船的人问他有多少行李，陆纳说："我没有什么行李，我自己拿就够了。"开船的人感到非常惊讶。

陆纳的名声越来越大，官也越做越大。每日前来拜访他的人很多。但是，陆纳无论官职高低，对每一个前来拜访的人都按照一样的礼仪来接待。他厉行节约，因此每一次来客都只摆上水果、糕点，这样既不失礼，也不奢侈。有一次，深受皇帝信任的大官谢安前来拜访，陆纳感到很开心。他的侄儿建议准备丰盛的宴席来迎接谢安，陆纳笑着拒绝了，然后亲自迎接谢安。两人相谈甚欢。陆纳的侄儿看见叔叔也像平常一样只用水果、糕点来招待谢安，心里非常着急。于是，他便自作主张，叫厨房的人准备了一大桌子丰盛的饭菜款待谢安，而陆纳并不知道。当菜上桌之后，陆纳的脸色很不好看，但是又不好直说，于是一直忍着。

谢安离去后，陆纳非常生气地对侄儿说："我和谢安是相交多年的好友，彼此之间也是君子之交，你现在却如此讨好他，实在是我生平最讨厌的行为。你今天做的事情，我实在是不能原谅。"于是，他下令杖打侄儿四十下，希望他吸取教训，不要再犯这种错误。

·家训警句·

财利交关，甘于受亏

——汪辉祖家训警句

财利交关，最足见人真品。天下无不能计利之人，其不屑屑较量、甘于受亏者，特大度包荒[1]耳。显占一分便宜，阴被一分轻薄。故虽至亲、密友，簿记必须清白[2]。

——《双节堂庸训·蓄后》

注释：

① 包荒：包含荒秽（huì），度量宽大的意思。
② 清白：清楚。

知识链接

汪辉祖，字焕曾，号龙庄，浙江萧山瓜沥原云英乡大义村人，清代乾隆、嘉庆时期的良吏。早年多次应试未中，随入幕僚做了师爷。乾隆四十年得中进士，后为宁远知县、道州牧，享年 78 岁。汪辉祖善断疑案，闻名全国。

《双节堂庸训》是一部融“圣贤书”与“人间事”于一炉的传世家训，共分为述先、律己、治家、应世、蓄后、述师述友六卷。核

心思想是“守身”，要求汪氏后代族人洁身自好，保持节操。

选文的大意是：在一个人处理与钱财利益相关的事情时，足以看出他的真正品质。在明处占一分便宜，就会在暗中被轻视一分。所以，即使是亲戚、朋友，也必须在钱财簿上记录得清清楚楚。

新时代家风启示

每个人都想获得利益，追求自己正当的利益是理所当然的，关键是当个人利益和他人利益、集体利益产生矛盾、发生冲突时应该如何处理。其中最重要的是，我们不要去贪图利益，不要损人利己，这是做人最起码的原则。在利益问题上，我们应该坚持集体利益、国家利益优先，必要时牺牲个人利益。

人可追求正当利，见利忘义则可痞。
毫不利己最崇高，时代精神最可贵。

开窍小故事

德高名医张骧云

张骧云，上海人，清末一个善治伤寒病的医生。他出生于中医世家，家族世代从医，张骧云十三岁时跟随其兄长学医，医术非常高超。他的一生也较为坎坷，他在中年的时候，因为患上了重病，两耳失聪，因此大家亲切地称呼他为“张聋聋”。

张氏家族最早从医始于明崇祯末年，世祖张元鼎弃儒就医，到存字辈已达十二世。三百年中，张氏聚族繁衍，名医辈出，到第八代玉书公时尤为著名，到第九代张骧云时达到鼎盛。

张骧云医术名扬江南。当年，慕名而来的病人每天都要排长队等候，于是出现了一些以帮忙排队“卖位置”的假病人。为了让先来的患者能得到及时医治，张家只好统一发给排在前几位的病人黄色马甲以示证明。

鸦片战争后，清政府一再示弱，外国投资商不断来华榨取中国人的血汗。清光绪年间，有一个叫哈同的外国商人于涌泉浜（今上海展览馆处）兴建爱俪园，张骧云五世祖茔正在园地之中。哈同自恃洋人势力，威逼利诱，强购墓地。张骧云不畏权势，严词拒绝，抗争十余年，终获胜利。

礼让篇

子曰：『君子敬而无失，与人恭而有礼，四海之内皆兄弟也。』

——《论语》

孔子说：『君子做事情谨慎认真，不出差错；和人交往态度恭谨而合乎礼节。如此，天下的人就像兄弟一般了。』

尊师重礼，厚敬他人

——朱熹家训警句

事师如事父，凡事咨[①]而后行。朋友年长以倍，丈人行也。十年以长兄事之。年少于己而事业贤于己者，厚而敬之。

——《训子帖》

注释：

① 咨（zī）：商量，询问。

知识链接

朱熹，字元晦，又字仲晦，号晦庵，晚称晦翁，谥文，世称朱文公。祖籍徽州府婺源县（今江西省婺源县），出生于南剑州尤溪（今属福建省尤溪县）。朱熹的理学思想对元、明、清三朝影响很大。

选文的大意是：对待老师要像对待自己的父亲那样，做事要先请教，然后再行动。朋友的年纪比自己大一倍，要像对待长辈那样尊敬他。对于比自己大十岁之多的人，应当像对待兄长一样对待他。年龄比自己小，但事业做得比自己好的人，也要特别尊敬。

新时代家风启示

尊师重道是中华民族的传统美德，其本质是尊重知识、尊重人才、尊重教育。这是人类文明发展进步的需要。党的十九大报告指出，创新是引领发展的第一动力。要实现创新驱动，首先必须要有一支优秀的人才队伍。广大青少年朋友就是这支队伍的后备军。因此，青少年必须尊敬师长，虚心请教他人，努力学习，争取早日成为一名合格的社会主义事业建设者和接班人。

一日为师终身父，指点迷津和引路。
感恩之心要常有，尊师重道是态度。

孔子向学生赔礼

颜回是孔子的弟子，深受孔子的喜爱。颜回德行高尚，严格按照孔子提出的“仁”“义”“礼”“智”“信”要求自己。颜回的思想与孔子基本一致，但他一生都没有做官，且谦虚忠厚，因此知道他聪慧的人不多。

颜回经常跟随孔子周游列国。有一次，孔子带着颜回和其他弟子在周游列国时，被困在陈国和蔡国的交界处。那时他们已经断粮好多天，大家都饿得没有力气走路了。颜回便去讨了一些米回来给大家做饭。饭快要熟时，炭灰飞进白米饭里，颜回便把它抓起来吃了。孔子看见颜回拿手抓饭，很不开心，但假装没看见。吃饭之前，孔子对颜回说：“我梦见了我的先人，我想先祭奠我的先人后再吃。”颜回赶紧阻止，说：“我刚刚煮饭的时候，不小心把炭灰弄进了饭里，于是便用手抓着把它吃掉了，这锅饭已经不干净了，用它来祭奠先人是不尊敬的。”

孔子听了颜回的话，才明白事情的原委。孔子误解了颜回，感到非常内疚，于是向他诚恳地道歉。颜回也并不在意，依旧像以前一样尊敬孔子。

家训警句

一视同仁，礼待他人

——袁采家训警句

世有无知之人，不能一概礼待乡曲[①]，而因人之富贵贫贱设为高下等级。见有资财有官职者则礼恭而心敬。资财愈多、官职愈高则恭敬又加焉。至视贫者、贱者，则礼傲而心慢，曾不少顾恤[②]。殊不知彼之富贵，非我之荣，彼之贫贱，非我之辱，何用高下分别如此！长厚有识君子必不然也。

——《袁氏世范》

注释：

① 乡曲：这里指乡里之人。
② 顾恤（xù）：照顾体贴。

知识链接

袁采，字君载，信安（今浙江省常山县）人，南宋学者。著有《政和杂志》《县令小录》和《袁氏世范》三书，今只有《袁氏世范》传世。其详细事迹已不可考。

《袁氏世范》是与《颜氏家训》相提并论的一部著作。共三卷，分《睦亲》《处己》《治家》三篇。《睦亲》论及父子、兄弟、夫妇、妯娌、子侄等各种家庭成员关系的处理方法，具体分析了家人不和的原因、弊害，阐明了家人族属如何和睦相处的各种准则，涵盖了家庭关系的各个方面。《处己》纵论立身、处世、言行、交友之道。《治家》基本上是持家兴业的经验之谈。

选文的大意是：世上有一些没见识的人，不能在对待父老乡亲时一视同仁，却根据他人的富贵贫贱划分高低等级。见到有钱有官职的就礼貌恭敬，钱财越多，官职越高，就越恭敬。而见到贫穷的、地位低下的乡亲，就态度傲慢，很少去关照周济他们。殊不知，别人的富贵并不是自己的荣耀，别人的贫贱也不是自己的耻辱，又何必用不同的态度对待！德行深厚、有识有见的人绝不会这么做。

新时代家风启示

《论语·庸也》说："中庸之为德也，其至矣乎。"孔子认为中庸是一种至高无上的德。"中庸"是古代的说法，用现在的话来说就是做到公平公正。落实到做人方面，最高的境界就是不偏不倚，既不牺牲自尊讨好别人，也不骄傲自负伤害他人；有成绩而不张扬，有能力而不逞强。在生活中，我们必须摆正自己的位置，既不以貌取人，也不趋炎附势，明明白白做人，公公正正做事。

社会需要大情操，品行不在地位高。
吃点小亏又何妨，谦让成风看今朝。

范武子与范文子

范武子是春秋时期晋国的大夫，姓祁，名会。他立下了许多功劳，深受百姓和士兵的爱戴，但他从不居功自傲。他的儿子范文子在他的影响下，才识渊博，也从不居功自傲，向来谦虚让人。

有一次，晋国要攻打齐国，范文子与主帅一起出征，最终大胜而归。范武子非常开心，不顾年迈的身体，亲自去迎接儿子。但是他等了许久，也没有看见范文子，于是非常担忧。一直等到最后，他才看见范文子。于是他责备范文子："我在欢迎的队伍里等了你许久，你难道就不能早一点进城吗？"范文子赶紧向父亲道歉，解释说："军队打了大胜仗，最先进城的人肯定备受百姓瞩目，如果我早些进城，那就等于享受了主帅的功劳和荣耀啊！"范武子听了觉得有道理，不再生气。他对范文子说："看到你如此谦虚、礼让他人，我就知道你将来一定会很有作为，这样我就放心了。"

同居相处，当宽其怀

——袁采家训警句

同居之人，有不贤者非理以相扰，若间或[①]一再，尚可与辩。至于百无一是，且朝夕以此相临，极为难处。同乡及同官亦或有此，当宽其怀抱[②]，以无可奈何处之。

——《袁氏世范》

注释：

① 间或：偶尔。

② 怀抱：胸怀。

知识链接

选文的大意是：居住在一起，对于那些品性恶劣总是无理取闹、扰乱他人的人，如果是一次两次，尚可与他争辩。如果他已经到了一无是处的地步，并且总是这样无理取闹，那就很难与他相处了。同乡居住或一同做官有时也会遇到这种无理取闹的人，应当以宽阔的胸怀，以无可奈何的方式与他相处。

新时代家风启示

忍是一种生存智慧，是一种人生境界，是一种处世哲学，而不是一种懦弱的表现。在快节奏的生活中，由于走得太快有时我们失去了自我，因此要学会让自己的心慢下来。人性中有诸多杂念欲望，那些善于忍让、舍弃，不斤斤计较的人，才是人生的赢家。

任你恶语千万句，我心平静笑自如。
忍字修平胸中气，东西南北是坦途。

开窍小故事

六尺巷

康熙年间，名臣张英的老家在桐城，张家与一个姓吴的人家为邻。

有一年，吴家建房子时占了张家的三尺地，张家不服，双方发生纠纷，于是告到县衙门。因为吴家也是当地的显贵望族，县官左右为难，迟迟不能判决。张英家人见有理难争，就写信给张英，告知此事，想让他帮忙打赢这场官司。

张英看完家书后，并不愿意因为家人争夺地界而惊动官府，于是便提笔在家书上写了四句诗：

千里修书只为墙，
让他三尺又何妨。
万里长城今犹在，
不见当年秦始皇。

寥寥数语，寓意深长。张家人接到书信后，深感愧疚，便毫不迟疑地让出了三尺。吴家见状，觉得张家有权有势，却不仗势欺人，被张家的大度所感动，于是也效仿张家向后退让了三尺。两家之间便形成一条六尺宽的巷道，这就是如今的“六尺巷”。

与人相与，贵在有容

——孙奇逢家训警句

与人相与[①]，须有以我容人之意，不求为人所容。颜子[②]犯而不校，孟子三自反，此心翕[③]聚处，不肯少动[④]，方是真能有容。

——《孝友堂家训》

注释：

① 相与：相互结交。
② 颜子：颜回，孔子最得意的门生。
③ 翕（xī）：合，聚。
④ 不肯少动：不轻易波动。

知识链接

孙奇逢，明末清初理学大家，与李颙、黄宗羲齐名，合称“明末清初三大儒”。其“北学”与黄宗羲的“南学”并重。

选文的大意是：与人相处，必须有容忍别人的气度，不必苛求别人容忍自己。颜回被别人侵犯而不计较，孟子每天数次自我反省，只有心思集中而不轻易波动，才能够真正有容人之心。

新时代家风启示

宽容是一种修养，是一种艺术，是一种处事不惊的淡定态度。在社会交往中，受委屈、被误解是难免的，我们要调整心态，学会理解，虚心接受他人的批评，以积极的态度化解矛盾，赢得他人的理解、支持和尊重。

心无阴云晴日多，齐肩共进不蹉跎。
前方纵有风和雨，从来不笑小脚窝。

张良拜师

张良，字子房，河南颍川城父（今河南省宝丰县）人，秦末汉初杰出的谋士、大臣，与韩信、萧何并称为“汉初三杰”。

有一次，张良在下邳桥上散步。一位穿粗布短衣的老人来到张良跟前，他故意把鞋子丢到桥下，对张良说：“小子，下去拾鞋！”张良气得想揍他，但看他年老，就耐着性子到桥下把鞋取来。老人又要他帮忙穿上，张良又跪着给他穿了。然后，老人就笑着走了。过了一会儿，老人又回来了，对张良说：“你这个孩子可以教导，五天后天亮时，在这里和我会面。”张良答应了。五天后，天刚亮，张良来到桥上，老人已先到，生气地说：“跟老人约会时迟到，为什么呢？”他转身就走，说：“过五天后再来。”五天后，鸡刚啼，张良就去了，老人又先在那里，生气地对他说：“又迟到，为什么呢？”说完转身就走，并又说：“再过五天后早点来。”又过了五天，张良未到半夜就到了桥上。一会儿，老人来了，高兴地说：“应当这样。”老人拿出一本书，说：“读了这本书，你就可以做帝王的老师了。十年后应验。十三年后你会在济北见到我，谷城山下那块黄石就是我。”老人没留下别的话，就这样走了，再也没出现。张良一看老人送的书，原来是《太公兵法》。后来，张良以出色的智谋，协助汉高祖刘邦在楚汉战争中取胜并最终夺得天下。

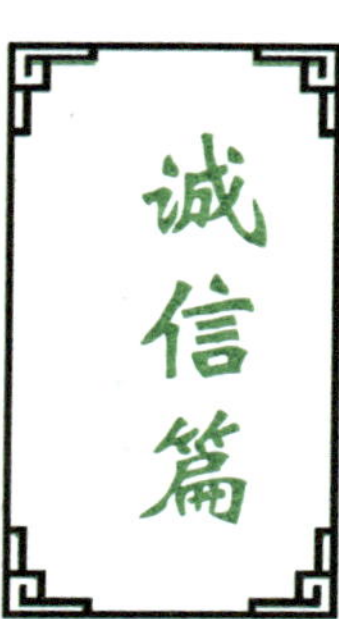

诚信篇

子曰：『人而无信，不知其可也。大车无輗，小车无軏，其何以行之哉？』

——《论语》

孔子说：『一个人不讲信用，真不知道他该怎么办，就好像大车没有輗、小车没有軏一样，它靠什么行驶呢？』

纤毫必偿，有所期约

——袁采家训警句

言忠信，行笃[①]敬，乃圣人教人取重于乡曲之术。盖财物交加，不损人而益己，患难之际，不妨人而利己，所谓忠也。有所许诺，纤毫[②]必偿；有所期约，时刻不易，所谓信也。

——《袁氏世范》

注释：

① 笃（dǔ）：忠实，一心一意，坚定，厚实。

② 纤毫：比喻细微的事和物。

知识链接

袁采，宋代人，著作颇多，其《袁氏世范》受世人推崇。

选文的大意是：言论讲究忠信，行动奉行笃敬，这种原则是圣人教人们如何获得乡里人敬重的方法。不外乎在财物方面，不干损人利己的事；在关键时刻，不干妨碍别人而方便自己的事。这就是人们所说的“忠”。一旦对人许诺，即使是一丝一毫的小事，也一

定要有结果；一旦定期有约，就一时一刻也不耽误，这就是人们所说的“信”。

新时代家风启示

人言为信。也就是说，说话要诚实可靠，说了就要做到。我们无论在家还是在学校，都要以诚信为本，对人许下的承诺，一定要以实际行动来落实；已有的规章制度，必须认真遵守。例如，答应的事一定做到，借别人东西及时归还，考试时遵守考场纪律，等等。

虽然说话不交税，说到做到才可贵。
若是承诺不兑现，众人见你就躲避。

土山三约

徐州兵败，关羽被困土山。曹操派张辽以“三便”劝关羽降曹：一者可保甘、糜二夫人的安全；二者可不背桃园之约；三者可留有用之身。关羽回答：“你有‘三便’，我有‘三约’：一者今降汉不降曹；二者请给二位嫂子俸禄，单独居住，不论何人不许入门；三者一旦知道皇叔的下落，便辞曹归刘而去。三者缺一不可。”

“三约”体现了关羽对汉室的忠诚，在文字上约法三章，表明他对兄弟桃园结义承诺的践约之志。

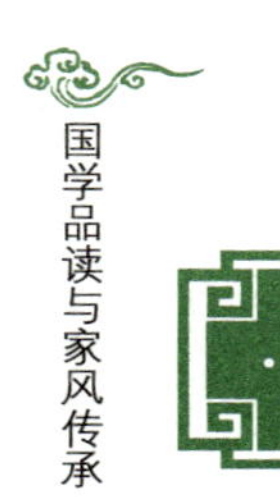

童叟无欺，诚信做人

——司马光家训警句

曾子之妻出外。儿随而啼。妻曰："勿啼，吾归，为尔杀豕[①]。"妻归以语[②]曾子。曾子即烹豕以食儿曰："母教儿欺[③]也。"

——《温公家范》

注释：

① 豕（shǐ）：猪。

② 语：告诉。

③ 母、欺：母，通"毋"。欺，撒谎。

知识链接

司马光，北宋杰出的史学家。司马光说，他编的《温公家范》比《资治通鉴》更重要，因为欲治国者，必先齐其家。

选文是一个故事，大意是：曾子的妻子准备上街，他的儿子跟在后面哭着也要去。曾子的妻子说："莫哭，我从街上回来了就杀猪给你吃。"曾子的妻子刚从街上回来就把这件事告诉曾子。曾子便把猪抓来杀给儿子吃。并说："小孩不可以哄他玩的，如果你哄骗他，就是教导小孩去哄骗他人。”

新时代家风启示

宋代理学家朱熹说：“诚者，真实无妄之谓也。”“诚”即对待他人要诚实讲信用，不搞阴谋诡计。青少年朋友要端正自己的态度，敢做敢当，做错了要勇于承认错误，并积极改正；对父母或者他人不要隐瞒、捏造事实。

花钱容易挣钱难，借了就要按时还。
好了伤疤忘了疼，最是惹得众人烦。

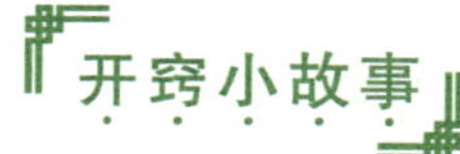

晏殊赴试

北宋时期著名的文学家和政治家晏殊，14 岁被地方官作为“神童”推荐给朝廷。他本来可以不参加科举考试便能得到官职，但他仍然按照程序参加了考试。十分凑巧的是，那次的考试题目是他曾经做过的，得到过好几位名师的指点。自然，他考得很好，得到了皇帝的赞赏。晏殊并没有因此感到高兴，在接受皇帝复试时，他把情况如实地告诉了皇帝，并要求另出题目，当堂考他。晏殊当堂作文，结果，他的文章又得到了皇帝的夸奖。最后，因为他有真实才学，又质朴诚实，是个难得的人才，很快就成为朝廷重臣。

凡事从厚，惜缘共进

——王士晋家训警句

宇宙茫茫，幸而聚集，亦是良缘。况童蒙[①]时，或多同馆[②]，或共游嬉，比之路人迥别[③]。凡事皆当从厚，通有无，恤患难。

——《王士晋宗规》

注释：

① 童蒙：指童年。
② 同馆：一起学习。
③ 迥（jiǒng）别：大不相同。

知识链接

王士晋，明代人，所著《王士晋宗规》是一部关于王氏乡约族规的著作，其中大部分是关于讲究诚信、要有同情心、注重礼仪规范等的内容。

选文的大意是：大家有幸相聚在一起是一种缘分，何况小时候要么在一起学习，要么在一起玩耍，跟其他人相比感情是不一样的。所以，对他们应以诚相待，共患难。

新时代家风启示

人与人交往，应该撇开地位、等级、学历、财富等世俗观念，追求相濡以沫、同甘苦共进退的精神境界。青少年朋友应该树立一种正确的交友观念：与人相处，不以对方的家庭出身、贫富贵贱为标准，不世俗地把人分为三六九等，大家相聚在一起就是一种缘分。我们现在是同学，无论走到哪里都是同学；现在是兄弟姐妹，即使天各一方，也割舍不了这份骨肉亲情。

千里有缘来相聚，三六九等不可取。
平等互助共提携，友谊栽培常青树。

孔子“不守诺言”

有一次，孔子在经过卫国的蒲地时，刚好碰到当地贵族公孙氏叛乱。孔子被叛乱的人抓了起来，并要求他不去卫国的都城，也不能把这里的事情传出去，否则就不准走。孔子非常不情愿地答应了，因为如果一直被困在这里，自己就将没有任何作为。

孔子出了蒲地后，便直接去了卫国的都城，就好像没答应过别人一样。孔子对他的弟子说："人不能不讲信用，不然就像车子没有轮子一样不能行走。"孔子的弟子子贡问："我们需要违反约定去卫国都城吗？"孔子回答说："是的。"子贡又问："那我们这样不是违反了约定吗？"孔子开始生气了，对子贡说："定下的约定根本不是我们本来的意思，而是被别人强迫的，这样是不是符合仁义？如果不符合仁义，那么我们为什么要遵守它呢？"

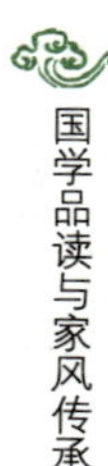

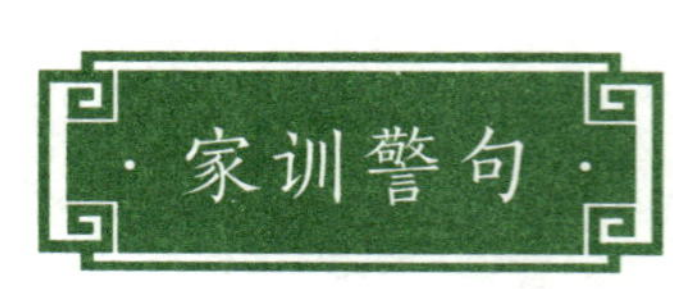

事事周防，执理应之

——张习孔家训警句

世风不古[①]，外患易生，横逆之来，时所常有。若我从来守正，事事周防[②]，不失足于人，不失言于人，不失笔于人，虽有外侮[③]，执理以应之，亦不能为大患也。

——《家训》

注释：

① 古：古朴，像古时那样朴实。
② 周防：谨密防患。
③ 侮：欺负，侮弄。

知识链接

张习孔，字念难，安徽歙（xī）县人。生卒年不详。顺治六年（1649 年）进士。官至山东提学佥事。早年家境贫寒，父亲早逝，母亲在张习孔为官不久后去世。

选文的大意是：社会风气不好，经常会有飞来横祸。如果能坚持正义，事事谨慎，各方面不失信于人，谈吐不失言于人，文牍不失笔于人，即使有欺诈之事发生，我们也能应对，也不会出大问题。

新时代家风启示

诚信是一种传统美德，不是供人欣赏和表彰的，而是一个人内心修为达到一定境界的自然流露。诚实的人不但不会吃亏，反而会赢得更多人的尊重。因此，无论在哪种场合，无论做什么事，我们都应该把诚信作为信条，这样我们才能在成长的道路上走得更稳，收获得更多。

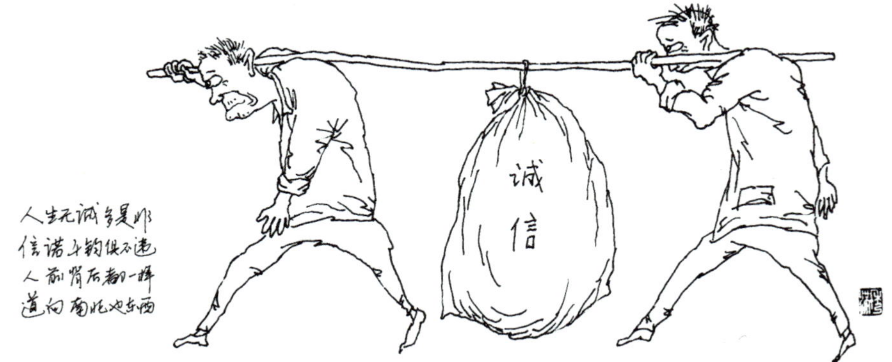

人生无诚多是非，信诺千钧俱不违。
人前背后都一样，道向南北也东西。

开窍小故事

韩信一饭千金

汉朝的开国功臣韩信，幼时家里穷，常常衣食无着，他与哥哥嫂嫂住在一起，靠吃剩饭剩菜过日子。韩信白天帮哥哥干活，晚上刻苦读书，刻薄的嫂嫂非常讨厌他读书，认为读书耗费了灯油，又没有用处。于是韩信只好流落街头，过着衣不蔽体、食不果腹的生活。有一位为别人当佣人的老婆婆很同情他，每天给他饭吃。韩信很感激，他对老人说："我长大了一定要报答你。"后来韩信成为著名的将领，被刘邦封为楚王，他仍然惦记着这位曾经帮助过他的老人。他于是找到这位老人，给了她丰厚的报酬。

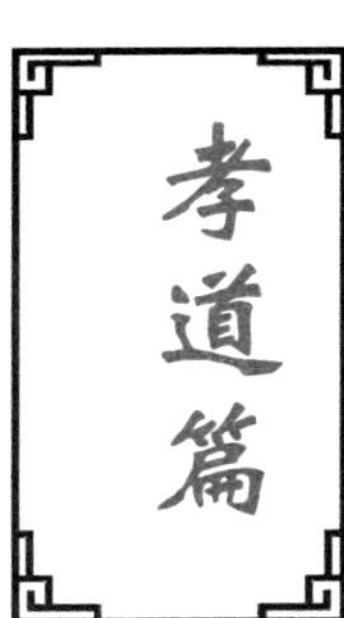
孝道篇

子曰：『今之孝者，是谓能养。至于犬马，皆能有养；不敬，何以别乎？』

——《论语》

孔子说：『在许多人的眼里，孝就是赡养父母，让他们吃饱穿暖。照这样的观点，狗和马也可以得到饲养。如果没有对父母的尊敬，那与养狗养马又有什么区别呢？』

父训子戒，慎言成事

——贺若弼家训警句

周贺若敦以[①]有怨言，为宇文护所杀。临刑，呼子弼（bì）谓曰："吾欲平江南，然心不果，汝当成吾志。吾以舌死，汝不可不思。"因引锥[②]刺弼舌出血，诫以慎口。

——《续世说·言语》

注释：

① 以：因为。
② 锥（zhuī）：锥子，一头尖锐用以钻孔的工具。

知识链接

贺若弼，复姓贺若，字辅伯，河南洛阳人，隋朝著名将领，后被隋炀帝以诽谤朝政的罪名杀害。贺若弼出生在将门之家，其父贺若敦为北周将领，以武猛闻名。

选文的大意是：贺若敦因口出怨言，为宇文护所不容，逼令自杀。临死前，曾嘱咐儿子贺若弼说："吾欲平江南，然心不果，汝当成吾志。吾以舌死，汝不可不思。"并用锥子把贺若弼的舌头刺出血，告诫他慎言。

新时代家风启示

父母是子女最好的榜样，父爱如山，母爱似水。父母所做的一切都是为了子女健康平安成长，他们的身上闪烁着人性的光芒。我们始终要懂得，父母所做的一切努力，都是为了给子女创造健康成长的环境和条件。俗话说：“灶不嫌柴湿，子不嫌母丑。”不管我们的父母是什么文化程度、什么身份，我们都要爱父母，体恤他们的忍辱负重、含辛茹苦，帮助父母减轻负担，实现他们的愿望。

母爱似水父如山，苦中作乐不畏难。
唯望子女成大器，甘把风雨当港湾。

开窍小故事

黄香孝敬父母

东汉太守黄香，江夏安陆（今湖北省云梦县）人。

黄香小时候家里非常穷苦，但是他很会读书，也很聪慧。冬天非常寒冷，黄香经常读书到深夜，黄香的父母也一直陪伴着。睡觉前，黄香都会先钻进父母的床上，说："冬天实在是太冷了，我先帮你们把床捂暖，你们睡上去就会很舒服。"年幼的黄香一席话，让他的父母感到既温暖，又心疼。

夏天非常炎热，蚊虫也非常多。年幼的黄香在睡觉前会到父母的房间里面，用扇子到他们的帷帐里面扇风，把蚊虫赶走，以便让父母睡得安稳舒服。

黄香长大后，因为他的才学和孝顺远近闻名，官府便招他当了太守。为官之后，黄香一直保持优秀的品德，为一方百姓谋取福利。

家训警句

父母检责，改过从长

——宋若莘家训警句

父母检责，不得慌忙。近前听取，早夜思量，若有不是，改过从长。父母言语，莫作寻常，遵依教训，不可强梁[①]。若有不谙[②]，细问无妨。

——《女论语》

注释：

① 强梁：强横。

② 谙（ān）：熟悉。

知识链接

宋若莘，唐代贝州清河（今邢台市清河县）人，著名才女。一生好学不倦，博览群书。著有《女论语》传世。《女论语》共十篇，内容都是关于妇女应崇尚的道德方面的。

选文的大意是：父母批评我们，不要急躁，要认真听取，经常反省。即使批评错了，我们也不要计较，不可强横地顶撞他们。如果有没弄清楚的地方，不妨再细细地向父母请教。

新时代家风启示

听父母的话，也是孝道的表现之一。父母的人生阅历丰富，经历过各种挫折和经验教训，他们不希望子女再走弯路，因此，父母的劝导总是有一定道理的。做子女的要尊敬父母，在各方面多听取父母的意见。当然，有时父母的教育方式方法不是太妥当，我们可以多与父母交流，多理解父母。

莫嫌父母太啰唆，静听勤做好处多。
摸爬滚打几十年，谱写人生一首歌。

开窍小故事

徐霞客之母

徐霞客，名弘祖，字振之，号霞客，南直隶江阴（今江苏省江阴市）人。明代地理学家、旅行家和文学家。他经 30 年考察撰成 60 万字地理名著《徐霞客游记》，被称为“千古奇人”。

徐霞客的父亲在他很小时便去世了，他的母亲独自将他抚养长大。徐霞客长大后，想要出去旅游。但他一看到劳累的母亲，便打消了出游的念头。他的母亲非常了解他，鼓励他到外面去长长见识，不要求他“父母在，不远游”。徐霞客还是没有立即出行，他的母亲便告诉他：“你身为男子汉大丈夫，不要受教条的影响，你怎么能因为我，像笼中的鸟儿一样困在家里呢？”

徐霞客在母亲的鼓励下出游了，但是由于要照顾母亲，他出游的地方都是离家较近的地方。他每次回来都要将他的所见所闻告诉母亲，徐母非常高兴。为了让徐霞客远游，一览中华大好河山，他的母亲对他说，她的身体很健康，让他放心出行。

徐霞客为了庆贺母亲八十岁生日，专程到太和山上采来榔梅果作为母亲的生日礼物。后来母亲去世了，徐霞客非常伤心，于是他谨记母亲的嘱咐，将自己的毕生精力献给了祖国的大好河山。

女子在堂，敬重爹娘

——宋若莘家训警句

女子在堂，敬重爹娘。每朝早起，先问安康。寒则烘火，热则扇凉。饥则进食，渴则进汤。

——《女论语》

知识链接

《女论语》是唐代贞元年间宋若莘所著的一部训诫著作，是中国封建社会女性德育方面的教材。其与《女诫》《内训》《女范捷录》合称“女四书”。

选文的大意是：女子在家要孝敬爹娘，每天早起先向父母问好。天冷要生火给他们烤，天热要给他们扇风，他们饿了要做饭给他们吃，渴了要给他们端茶送水。

新时代家风启示

孝敬父母不是一件复杂的事，远在他乡，经常问候父母是否安好，是孝顺；同处一室，为父母端茶送水，是孝顺；惜别之前，给父母一个甜甜的微笑，同样是孝顺。现在有些青少年认为这些都是不值得一提的小事，但正是这些小事，足以令父母宽慰和自豪。

孝敬父母是美谈，端茶送水心也宽。
待到自己人老时，也想膝下儿孙欢。

开窍小故事

杜环代人养母

杜环，中国唐代旅行家，又称杜还。京兆（今陕西省西安市）人，是一位非常有名的书法家。他很好学，也非常有才华。更难得的是，他做事沉稳谨慎，对自己要求严格，对别人许下的诺言一定会做到。

杜环的父亲有一个朋友叫常允恭，杜环与他的关系非常好。常允恭在其母亲六十多岁时去世了，他母亲在九江城下悲伤痛哭，没办法，只好来找杜环。杜环看到常母时正是一个大雨天，常母全身被淋湿，狼狈不堪。杜环并没有嫌弃她，一边安顿好她，一边询问她发生了什么事情。常母大哭起来，说：“我的大儿子常允恭已经死了，小儿子又不知道在哪里，只好来找你帮我。”杜环非常心疼常母，把常母当亲生母亲一样侍奉着，并且帮她寻找小儿子。

后来，杜环终于找到了常母的小儿子，但常母的小儿子并不愿意接走他的母亲。于是杜环继续养着常母，一直到常母去世。常母死后，杜环在城南为她买了一块好墓地，风风光光地安葬了常母，每年还去祭拜她，为她扫墓祭奠。杜环的侠肝义胆和孝道深受后世的称赞。

家训警句

孝敬长辈，顺适其意

——袁采家训警句

高年之人，作事有如婴孺①，喜得钱财微利，喜受饮食、果实小惠，喜与孩童玩狎②。为子弟者，能知此而顺适其意，则尽其欢矣。

——《袁氏世范》

注释：

① 婴孺（rú）：幼儿。
② 玩狎（xiá）：玩弄、戏弄。

知识链接

袁采自小受儒家之道影响，以儒家的“修”“齐”“平”“治”等信条来砥砺自己。

《袁氏世范》原名《训俗》。当年刚刚上任的隆兴府通判刘镇为此书作序，发现此书义理精微，于是建议将此书名改为“世范”，《袁氏世范》因此而得名。

选文的大意是：年老的人做事跟小孩一样，喜欢要些小钱小利，

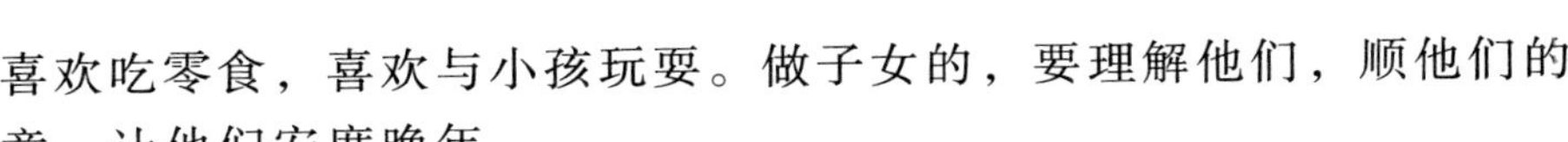

喜欢吃零食，喜欢与小孩玩耍。做子女的，要理解他们，顺他们的意，让他们安度晚年。

新时代家风启示

俗话说：“家有一老，胜似一宝。”这说明老年人如同小孩一样，既有诸多可爱之处，也有不少令人烦躁之时。因此，对待老人要像对待小孩一样，不要斤斤计较，不要嫌他们啰唆，而应该以一颗平和之心去善待他们，让他们度过舒适而快乐的晚年。

人到老时像个宝，嘻哈耍闹少不了。
儿孙要顺长辈意，欢度晚年家庭好。

开窍小故事

缇萦救父

缇萦（tíyíng）是西汉时期的人。她的父亲淳于意在朝中为官，缇萦是淳于意五个女儿当中最小的一个。

汉文帝四年，有人上书告发淳于意。按照刑法应当专车押送他到长安。淳于意的五个女儿跟着囚车哭。淳于意很生气，骂道："生女儿不生男孩，危急时没有人能帮忙。"这时小女儿缇萦因父亲的话而悲伤，就跟父亲一起到长安，并上书说："我的父亲做官吏，齐地的人都说他清廉公平，如今犯法应当获罪受刑。我为受刑而死的人不能复生感到悲痛，而受过刑的人不能再长出新的肢体，即使想改过自新，也没办法了。我愿意舍身做官府中的女仆来赎父亲的罪过，让他能改过自新。"

汉文帝看到后，当年就废除了肉刑法。

家训警句

孝弟之道，实致于行

——孙奇逢家训警句

尔等读书，须求识字。或曰：焉有读书不识字者？余曰：读一孝字，便要尽事亲[①]之道；读一弟字，便要尽从兄[②]之道。自入塾时，莫不识此字，谁能自家身上一一体贴，求实致于行乎？

——《孝友堂家训》

注释：

① 事亲：侍奉双亲。

② 从兄：从，顺从；兄，兄长。

知识链接

孙奇逢，明朝万历年间举人，不愿做官，专门著书立说。

选文的大意是：你们读书，必须追求认字。有人不禁要问：哪有读书不认字的呢？我认为：读一“孝”字，便要孝顺父母；读一“弟”字，便要敬爱兄长。从上学时起，没有不认识“孝”“弟”这两个字的，但是又有谁能够自己认真体会、切实实行呢？

新时代家风启示

青少年朋友既要懂得孝敬父母的道理,又要用实际行动去落实。有的人讲起道理来有深度、有高度，落实到自己的行动中则可有可无，可轻可重，当面一套背面一套。这种孝不是真正的孝，而是一种虚伪的表面工作。试想，如果你用这样的态度对待自己的父母，你的子女在潜移默化中今后也会用这样的态度来对待你。

父母尚在有来处，尽孝及早春风舞。
长借托词不知面，人生只剩一归途。

孝感天帝

舜，传说中的远古帝王，五帝之一，姓姚，名重华，号有虞氏，史称虞舜。

相传他的父亲瞽叟（gǔsǒu）及继母、异母弟（名字叫象），多次想害死他：让舜修补谷仓仓顶时，从谷仓下纵火，舜手持两个斗笠跳下后才逃脱；让舜掘井时，瞽叟与象却下土填井，舜掘地道后才逃脱。事后，舜毫不嫉恨，仍对父亲恭顺，对弟弟慈爱。

他的孝行感动了天帝。舜在历山耕种，大象替他耕地，鸟代他锄草。尧听说舜非常孝顺，有处理政事的才干，把两个女儿娥皇和女英都嫁给他；经过多年观察和考验，选定舜做他的继承人。

舜登天子位后，仍然恭恭敬敬地去看望父亲，并封异母弟象为诸侯。

孝敬事亲，人道至德

——徐皇后家训警句

孝敬者，事[①]亲之本也。养非难也，敬为难。以饮食供奉为孝，斯末矣！孔子曰："孝者，人道之至德[②]。夫通于神明，感于四海，孝之致也。"

——《内训》

注释：

① 事：侍奉。

② 至德：最高的品德。

知识链接

徐皇后，原名徐仪华，闺名妙云，濠州（今安徽省凤阳县）人，明成祖朱棣的皇后，明开国功臣徐达的长女。

《内训》为"女四书"之一，概括了中国妇女的传统美德，认为女性应该孝敬父母，辅助夫君，教育子女，恪守道德。

选文的大意是：孝敬，是侍奉父母的根本。奉养父母并不难，难的是敬重父母。那种以吃喝来供奉父母所谓的孝顺，是最末等的

了。孔子说：“孝，是人的道德中最高的品德。那些能通达神明、感动四海的，就是孝敬的最高境界。”

新时代家风启示

很多人对孝敬父母的理解存在误区和偏差，认为只要保证父母有吃的有穿的就行了。其实，父母为子女操劳了一辈子，老了以后对子女更多的是牵挂，他们希望子女能多一点时间陪伴他们，多和他们说说话。老年人的生活比较单调，也比较单纯，做子女的要走进父母的情感世界，使他们的晚年生活充满斑斓的色彩。

父母老来多陪伴，不只电话问寒暖。
饭间聊聊心中事，人间天伦享不断。

开窍小故事

黔娄尝粪忧心

庾黔娄，字子贞，南朝齐国新野人。任孱陵（今湖北省公安县）县令。他赴任不满十天，忽然觉得心惊，预感家中有事，当即辞官返乡。回到家中，才知父亲已病重两日。医生嘱咐说：“要知道病情吉凶，只要尝一尝病人粪便的味道，味苦则说明身体好。”黔娄于是就去尝父亲的粪便，发现味甜，内心十分忧虑。于是，他在夜里跪拜北斗星，乞求以身代父去死。几天后父亲死去，黔娄安葬了父亲，并守制三年。

兄弟相处，明白说破

——姚舜牧家训警句

兄弟间偶有不相惬[①]处，即宜明白说破，随时消释，无伤亲爱。看大舜待傲象，未尝无怨无怒也，只是个不藏不宿[②]，所以为圣人。

——《药言》

注释：

① 惬（qiè）：快意，满足，这里指和睦。
② 不藏不宿：藏、宿都是存留的意思。

知识链接

《药言》是明姚舜牧的家训作品，亦名《姚氏家训》。其思想主线在理学范畴，在当时影响较大，一再被翻刻。《药言》对中国社会人际交往、理家修身等方面有一定的指导意义。

选文的大意是：兄弟之间偶然发生了不愉快的事情，就应该及时把话说明，当时就化解矛盾，不要伤了和气。大舜对待傲慢的兄弟象，未必就没有怨恨，可是他能做到不记仇，所以成为圣人。

新时代家风启示

团结友爱是中华民族的传统美德。现在家庭中的独生子女可能体会不到这种兄弟姐妹的亲情之爱，但我们身边会有很多同龄人，他们可能是朋友、是同学等，大家平时难免会发生一些摩擦甚至不愉快。一旦遇到这种情况，我们应该坦诚一点、主动一点，说明理由，讲清道理，绝不能以自我为中心，要人家迁就自己。

人生难得一知己，遇事说清最可贵。
互谅互助共奋进，和谐社会成一体。

开窍小故事

儿媳妇与婆婆

有一个刁蛮霸道的儿媳妇，表面上对村里人都很好，但在家里却长期虐待患有眼疾的婆婆，不让婆婆和家人一起吃饭。每次开饭时，她用一个破碗盛点残羹剩饭给婆婆，让她在一旁吃。家里其他人看在眼里，却敢怒不敢言。一天，婆婆不小心把破碗打碎了，儿媳妇怒不可遏，破口大骂，吓得婆婆饭都不敢吃了。这时，婆婆的孙子走过去捡起破碗的碎片，惋惜地说："婆婆啊，你怎么把碗打碎了？以后我妈妈老了我还要用这碗盛饭给她吃啊！"刚才还怒气冲冲的儿媳妇一听自己儿子这么说，脸马上涨得通红，悄悄地走回房里。从此以后，她再也不虐待婆婆了，一家人团团圆圆、快快乐乐地过日子。

不孝之徒，父母不德

——姚延杰家训警句

乃有不孝之徒，寡廉鲜耻，败坏名节。或身受重戮[①]，或显被[②]恶名，人皆曰："此其父母不德也。"即稍为之宽者，亦必曰："是无义之训也。"

——《教孝篇》

注释：

① 重戮（lù）：重刑。

② 被：通"披"。

知识链接

姚延杰，清代著名的诗人、学者。著有《教孝篇》，全篇共四十段，谆谆告诫天底下的儿女们应该完善自己的固有天性——孝顺之心。

选文的大意是：不孝的人，不知羞耻，尽做一些伤风败俗的事，使自己身受重刑，臭名昭著。人们都说："这是他父母无德造成的。"即使为他开脱的人，也会说："这是没有家教的原因啊。"

新时代家风启示

我们应该明白一个很浅显却没有引起重视的道理：我们无论在学校还是在社会上，随时都代表着父母的形象，反映了家庭教育的层次和水平。经常惹是生非、动手动脚，会被人认为是父母没有教育好；不讲公德，没有爱心，也会被认为家教不严，出身不好。因此，我们要养成好习惯，凡事三思而后行，不给父母丢脸，不给他人添麻烦。

成长路上有良机，千万莫去惹是非。
言行举止有家教，不听劝告众人离。

孝者存，逆者亡

古时候有两兄弟，哥哥叫杨璞，弟弟叫杨富。兄弟俩与母亲在一块儿居住，各自都有妻儿，杨璞忠厚孝顺，杨富却天性自私冷漠。

有一次，洪水将到，杨富不管老母和兄长的死活，先用船载着自己的妻儿往北山逃命去了。

杨璞无可奈何，危急之下急忙背着老母登上一座小土坡。刚到坡顶，洪水便滔滔而来，许多房屋都被冲毁。杨璞正为来不及照顾妻儿而痛心，忽然看见有个妇女抱着孩子，坐在一根大木头上漂了过来。他赶快尽力将她们救上土坡，一看正是自己的妻儿。

第二天洪水退了，他四处询问弟弟一家人的下落，才知道他们的船刚到北山下，就被一棵倒下来的大树压翻，全家都被淹死了。

廉俭篇

子曰：『奢则不孙，俭则固。与其不孙也，宁固。』

——《论语》

孔子说：『奢侈了就会越礼，节俭了就会寒酸。与其越礼，宁可寒酸。』

·家训警句·

自我警戒，勤俭持家

——杨坚家训警句

吾昔衣服，各留一物，时复看以自警戒。又拟分赐汝兄弟。恐汝以今日皇太子之心，忘昔时之事，故令高颎（jiǒng）赐汝我旧所带刀子一枚，并菹[1]酱一合，汝昔作上士时所常食如此。若存忆前事，应知我心。

——《北史·隋宗室诸王列传》

注释：

① 菹（zū）：腌菜。

知识链接

杨坚，弘农郡华阴（今陕西省华阴市）人，汉太尉杨震十四世孙，隋朝开国皇帝即隋文帝，中国古代著名的政治家、战略家。杨坚的大儿子杨勇非常喜欢奢侈的东西。这显然跟杨坚倡导的勤俭持家南辕北辙。杨坚对此非常生气，就教训了他儿子。

选文的大意是：我送你我过去穿过的一件破旧衣服，让你时常警戒自己；本来打算分给你的兄弟，又恐怕你身为太子，忘记了过去的事。现在给你一枚我用过的刀子、吃过的酱菜，让你好好体会一下做士子时的生活。好好想想这些，你就会知道我的苦心了。

新时代家风启示

现代社会的物质生活极大丰富，精神生活也日益多彩。一些人还没有充分认识到幸福生活的来之不易，随意浪费，不尊重他人的劳动成果。我们应该多了解我们先辈奋斗的历史，通过参观革命圣地、领略祖国的大好河山，追溯先烈们的英勇事迹，体会前人创业的艰辛。这样，既可以激发我们对祖国的热爱之情、对先烈的敬仰之情，也可以警醒我们珍惜当下，忆苦思甜。

一粒粮食一身汗，有钱也要把账算。
吃喝有度控制好，莫把子孙后路断。

开窍小故事

崔母训子

武则天当政时，有个官员叫崔玄。武则天非常欣赏他的品行，让他担任吏部尚书。崔玄办事非常公正，无论是权贵还是平民百姓，他都坚持一视同仁。他平时在生活上也非常勤俭节约，为官清正廉洁。

在崔玄小的时候，他的母亲对他要求十分严格，要求他刻苦学习，养成勤俭节约的习惯。他的母亲说："我倒是十分庆幸我们的条件不好，你长大后有了出息，就会时刻记着今日的生活，不会养成奢侈糜烂的作风，免得坏了家风。"

崔玄长大之后当了官，果然如他母亲所希望的那样，成为一个清正廉洁的官员，坚决不与那些生活作风糜烂、爱收贿赂的官员同流合污。

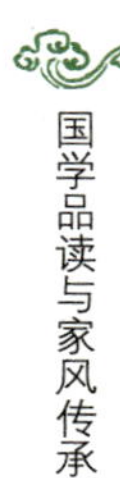

怡然自得，清白留人

——房彦谦家训警句

自少及长，一言一行，未尝涉私。虽致屡空[①]，怡然自得。尝[②]从容独笑，顾谓其子玄龄曰："人皆因禄富，我独以官贫。所遗子孙，在于清白耳。"

——《隋书·房彦谦传》

注释：

① 空：空虚，中无所有。
② 尝：曾经。

知识链接

房彦谦，字孝冲，齐郡历城（今山东省济南市）人，祖籍清河（今河北省邢台市清河县），隋朝官员，唐代名相梁国公房玄龄之父。房玄龄，名乔，字玄龄，以字行于世，唐初政治家、宰相，凌烟阁二十四功臣之一。

《隋书·房彦谦传》主要讲述古代官场上的丑恶现象。

选文的大意是：房彦谦从小到大，一言一行从不为他个人的私利。虽然经常处于贫困，但他怡然自乐。他曾从容地笑着对儿子房玄龄说：“别人做官，得到俸禄，都富了起来。唯独我因为做官而致使家境贫寒。我能留给子孙的，只有清白。”

新时代家风启示

现实一再警告我们，跨越法律的红线是没有好下场的，偷奸耍滑走捷径是没有好结果的。因此，不论在工作岗位上还是在学习生活中，我们都必须老老实实做人，扎扎实实做事，那种企图一夜暴富的幻想是不现实的，靠捞取不义之财或走“捷径”一劳永逸的做法是法律和道德都禁止的。因此，我们必须树立遵纪守法观念，恪守工作职责，脚踏实地，轻松做人。

发财致富无偏门，切莫乱脚踏红尘。
传销陷阱深且狠，有进无出泪满盆。

开窍小故事

韩起彻悟

春秋时期，晋国有个人叫韩起，他是一个政治生涯超长的政治家。韩起有一个非常要好的朋友叫叔向。他们两人经常一起出去游玩。

有一天，两人相约出行，聊起了对各自职位的看法。韩起对自己的官职非常满意，但对自己的收入非常不满。他对叔向说："你别看我官职挺高，但是我的收入却还不够自己和朋友的人情往来。"本来韩起试图博得叔向的同情，但没有想到叔向却非常高兴地恭喜他。韩起非常不高兴，觉得叔向是在讽刺他。

叔向笑着说："你可曾听过栾书和郤至的故事？"韩起在沉思，叔向接着说："栾书和郤至都是晋国的官员，栾书官至上卿，俸禄（古代官员的工资）却非常少，拥有的田地和物品都非常少。许多人都为他感到不值，但是他没有感到不公，反而利用这个机会来完善他自己的品性和行为。与此相反，郤至是晋国的正卿，但是他拥有的财富堪比君主。即使是这样，他依然不满足，不顾百姓的死活，也不管国家的兴亡，继续利用手中的权力谋取私利。最终，他的下场是身首各异，全族上下没有一个人不被他牵连。我觉得你定会像栾书那般，在比较贫穷的条件下，更加注重自己的品德修养，赢得百姓的爱戴。这就是我恭喜你的原因。"

韩起茅塞顿开，立刻真诚地向叔向道谢。

谨身节用，远罪丰家

——司马光家训警句

御孙[1]曰："俭，德之共也；侈，恶之大也。"共，同也，言有德者皆由俭来也。夫俭则寡欲。君子寡欲，则不役[2]于物，可以直道而行；小人寡欲，则能谨身节用，远罪丰家。

——《训俭示康》

注释：

① 御（yù）孙：春秋时期鲁国的大夫。

② 役（yì）：使被吸引而不由自主。

知识链接

《训俭示康》是北宋史学家司马光所写的散文作品，为司马光写给其子司马康，教导他应该崇尚节俭的一篇家训。

此段文字选自《训俭示康》，大意是：节俭，是最大的品德；奢侈，是最大的恶行。共，就是同，是说有德行的人都是从节俭做起的。如果节俭就少贪欲。有地位的人如果少贪欲就不会被外物役使，可以走正直的路；没有地位的人如果少贪欲就能约束自己，节约费用，避免犯罪，使家室富裕。

新时代家风启示

天道酬勤，一分汗水一分收获。我们只有通过自己的努力，才会取得自己理想的结果。俗话说：勤能补拙，笨鸟先飞。每个人的禀赋不一样，靠耍小聪明是不可能取得成功的，只有通过后天的勤奋，才能弥补自身的不足，使自己不断进步。同时，要养成勤俭节约的好习惯，合理制定自己的阶段性目标，脚踏实地去践行，一步一个脚印，积少成多，聚沙成塔，最终走向成功。

幸福生活靠手勤，不来半点小聪明。
好吃懒做白日梦，天上咋会掉馅饼。

开窍小故事

刘裕留衲警子孙

刘裕，字德舆，小名寄奴。祖籍彭城郡彭城县绥（今江苏省徐州市）,生于晋陵郡丹徒县京口里,东晋至南北朝时期杰出的政治家、改革家、军事家，南朝刘宋开国皇帝。

刘裕年幼时家境非常贫苦，不仅要自己耕种田地，甚至还沦落到卖草鞋维持生计的地步。虽然如此，但他从小便有志向，希望能够做出一番大事业。于是他去从军，这是他人生中的第一个转折点，后来他成为东晋一名非常有名的将领。最终，他废除了晋恭帝，自己当了皇帝，改国号为宋。

刘裕当上皇帝之后，厉行节俭，下令减免了百姓的赋税，还废除了很大一部分严苛的法律。虽然刘裕对待敌人非常残暴，但是他对待百姓却十分宽厚。

他禁止贵族们奢侈，自己的生活也非常节制、简朴。他的皇宫中用的是土制的屏风和布制的灯笼。公主出嫁，他一切从简，以致他的子孙极为不满，认为刘裕就像一个“土包子”。刘裕毫不顾忌这些，把自己曾经耕种用的农具留下来,还把他妻子亲手做的用来上山打柴时穿的破衣服也收藏起来，传给子女。刘裕告诉他们，之所以要如此，就是要他们时刻谨记勤俭，不能养成奢侈糜烂的作风。

大处不足，小处不谨

——张英家训警句

古人之意，全在小处节俭。大处之不足，由于小处之不谨；月计之不足，由于每日之用过多也。

——《恒产琐言》

知识链接

张英（1637—1708 年），字敦复，号乐圃，安徽桐城人。清朝大臣，张廷玉之父。所著《恒产琐言》提出了家庭理财之道，突出反映了封建社会家庭理财的特点。

选文的大意是：古人的意思是，要在细节上注意节俭。大的地方不够用，是因为小节上没有厉行节约；每个月的计划用度不够，是因为每天的用度太多了。

新时代家风启示

勤俭节约是中华民族的传统美德。唐朝诗人李商隐在《咏史》诗中说："历览前贤国与家，成由勤俭破由奢。"可见，历来人们就认为，人无俭不立，家无俭不旺，国无俭不兴。道理很简单，关键在行动。我们必须将勤俭美德铭记于心，从小做起，从身边的事做起，做好自己，劝勉他人。

行色匆匆下馆子，厉行节约无小事。
多余饭菜打包走，尊重劳动知廉耻。

开窍小故事

唐宣宗嫁女

唐宣宗非常疼爱他的女儿万寿公主。在万寿公主到了要嫁人的年龄时，唐宣宗为她选了一位驸马。臣子们想要讨好唐宣宗，便对唐宣宗说："万寿公主身份尊贵，她的婚礼理应大操大办。并且自古就有规矩，公主出嫁的马车可以用银子来装扮，万寿公主理应如此。"唐宣宗虽然疼爱女儿，但还是断然否决大臣们的建议，并且告诉他们，自己历来提倡节俭，怎么能为了自己亲近的人就大肆铺张浪费呢？最终，万寿公主出嫁用的马车是用铜来装饰的。

万寿公主成亲之后，他时常召万寿公主回宫，并且告诉万寿公主："要时刻尊重自己的夫君，女子应不理朝堂的事情，也不要去干涉政务。"万寿公主不能进宫与他交流时，他便写信告诫万寿公主一些基本的做人的道理。万寿公主婚后谨记唐宣宗的教导，生活过得十分幸福。

唐宣宗在治理国家方面并未见多大政绩，但在提倡节俭方面，确实能够以身作则，并严格要求自己的女儿。

节留高尚，心抵浮华

——陆游家训警句

后生才锐[①]者，最易坏。若有之[②]，父兄当以为忧，不可以为喜也。切须常加简束[③]，令熟读经子[④]，训以宽厚恭谨[⑤]，勿令与浮薄者[⑥]游处，如此十许年，志趣自成。不然，其可虑之事，盖非一端[⑦]。

——《放翁家训》

注释：

① 才锐：才思敏捷。
② 若有之：如果有这种情况，指才锐者。
③ 简束：约束。
④ 经子：指儒家经典，诸子百书。
⑤ 恭谨：恭敬，谨慎。
⑥ 浮薄者：游手好闲、轻薄的人。
⑦ 端：这里指一个方面。

知识链接

陆游，字务观，号放翁，越州山阴（今浙江省绍兴市）人，南宋文学家、史学家、爱国诗人。

陆游《放翁家训》的内容包括节俭持家、宽厚待人、生前遗嘱以及对几十年为官的感慨等。

选文的大意是：才思敏锐的年轻人，最容易学坏。做长辈的应当认为这是一件令人忧虑的事，而不能认为是一件可喜的事。切记要对年轻人经常加以约束和管教，让他们熟读儒家经典，训导他们做人必须宽容、厚道、恭敬、谨慎，不要让他们与轻浮浅薄之人来往。

新时代家风启示

青少年处于生长发育的关键时期，可塑性相当强，其生活习惯、道德品性以及世界观、人生观、价值观都是在这一阶段逐渐形成的。除了要认真接受长辈和老师的教诲，青少年自己也要科学地认识自己，不断剖析自己，完善自己，增强自我约束力，提高自我发展力。绝不能为社会上的各种表象所迷惑，为各种假象所蛊惑，影响自己的健康成长。

少儿成长可塑期，是是非非都好奇。
及时引导正三观，莫与他人去攀比。

方仲永

北宋文学家王安石创作了一篇文章，讲述了一个江西金溪叫“方仲永”的神童因被父亲当作赚钱工具而沦落成一个普通人的故事。

金溪有个叫方仲永的人，家中世代以耕田为业。仲永长到五岁时，不曾认识书写工具。忽然有一天，仲永哭着索要这些东西。他的父亲对此感到诧异，就向邻居借来给他。仲永立刻以赡养父母和团结同宗族的人为主旨，写下了四句诗，并题上自己的名字，给全乡的秀才观赏。从此，指定事物让他作诗，仲永立刻就能完成，并且很有文采。同县的人对此都感到非常惊奇，渐渐地都以宾客之礼对待他的父亲，还有的人花钱求取仲永的诗。仲永的父亲认为这样有利可图，就每天带领着仲永四处拜访同县的人，不让他学习。

仲永十二三岁时，写出来的诗已经不能与从前的名声相称了；到了二十岁时，他的才能消失了，和普通人已经没有什么区别了。

家训警句

一切度用，须要省约

——何尔健家训警句

吾族务要恪[①]遵祖训，以勤俭为根本。或耕，或读，或仕宦[②]，或营运，或方技[③]，总要持心公平，不恃[④]伪诈，不惜辛勤。凡一切度用须要省约[⑤]，不事奢华。

——《廷尉公训约》

注释：

① 恪（kè）：谨慎而恭敬。

② 仕宦（shìhuàn）：做官。

③ 方技：也叫方术。旧时医药、卜卦、星占、相面等技术的总称。

④ 恃（shì）：依赖，凭仗。

⑤ 省约：节省简约。

知识链接

何尔健，字明甫，号乾室，曹州（今山东省菏泽市）人。官至大理寺丞，一生居官廉洁，刚正不阿，世称“铁面御史”。

《廷尉公训约》共十四条，内容涉及丧葬祭祀、孝悌安分、守身励学、勤俭省约，以及力戒利欲、嫖赌、争斗等。何尔健对贪官污吏深恶痛绝。他到各地考察，贪污腐化的官吏闻风卸印而逃。

选文的大意是：我们这一族人一定要恪守祖训，以勤奋节俭为根本。不管是务农、读书、做官、经商还是从事技术方面的工作，都要保持心境公道平和，不假冒欺诈，要不惜辛苦勤恳。一切支出费用，必须节省简约，不追求奢侈华丽。

新时代家风启示

节约是一种美德。节约可以发挥物品的最大效益和效能，是对他人劳动成果的尊重，可以实现社会的可持续发展。为此，我们需要保持一种平和的心境，不可与身边的人盲目攀比，不可打肿脸充胖子，更不能不计后果地乱消费。

网络购物会成瘾，狂点鼠标心不紧。
消费有度讲实用，下手之前要警醒。

开窍小故事

颜延之训子

颜延之，字延年，南朝宋文学家，琅琊临沂（今山东省临沂市）人。好读书，无所不览。文章之美，冠绝当时。他与谢灵运并称“颜谢”。

颜延之晚年得子。他年迈之后不再当官，虽然在位时俸禄很高，但是颜延之的生活却非常简朴，依旧与以前一样穿着粗布衣裳，住着简陋的茅草屋。

他的儿子颜竣后来也做了大官。有一日，颜延之坐着已经使用多年的马车出门，恰好遇上了乘坐着华丽的马车、还带着一大帮下属出门的颜竣。他感到非常生气，私下跟他儿子说：“我非常讨厌这种当官讲排场的人，但没有想到，今天我的儿子却成了这样的人。”但是，颜竣不以为然，没过多久又开始建造更加华丽的宅院。颜延之又开始告诫他，为官要清正廉洁，不然总有一天要招来祸事。

虽然颜延之苦苦劝诫儿子，但是颜竣并没有改变。不仅如此，他还经常举办宴会，有时宾客们来得早，颜竣还在床上睡觉。颜延之知道后更加生气，训斥颜竣：“你不过是我这个平民生出来的，现在借着我的名气得了些权势，就开始变成这般样子，迟早有一天你这样的好日子会被你自己败坏掉。”果然，后来颜竣被罢免了官职，还被当权者降了罪。

治家之要，节约花费

——宋诩家训警句

成家之始，非积累无以致[①]焉。宜用者会计已当[②]，固不须吝而朘削。但以有限之物，而为无经之费，不几于竭乎？故惟节之。

——《宋氏家要部》

注释：

① 致：达到。

② 会计已当：会计，指出入账目；当，恰当。

知识链接

宋诩，字久夫，明朝松江华亭（今上海市松江区）人。

宋诩的治家文集《宋氏家要部》涉及的范围非常广泛，内容包括家庭的管理、伦理道德、生活细事等。他非常讲究节约，反对铺张浪费。他告诫后代，没有点点滴滴的积累，就无法成家立业。

选文的大意是：成家立业，不节约是不可能的。家里的开销合理，根本不需要吝啬削减。家里的东西有限，用在不该用的地方就会浪费，最后就不够用了。所以，一定要节省啊！

新时代家风启示

俗话说：不当家不知柴米贵，不养儿不知父母恩。这说明，要管理好一个家庭不容易，要维持一家人的正常生活，必须懂得开源节流、精打细算。只有当自己有了家庭、有了子女，才会真正懂得做父母的艰辛，也才会懂得如何感恩父母。青少年朋友在家里一定要体谅父母，做一些力所能及的事，感恩父母。

柴米油盐酱醋茶，勤俭美德好持家。
儿孙要把家风继，世代幸福不缺啥。

开窍小故事

竺可桢严于律己

竺可桢是中国卓越的科学家、教育家，也是当代著名的地理学家、气象学家，他为中国近代地理学奠定了坚实的基础。

幼年时竺可桢学习非常努力，成绩非常好。后来他获得了公费留学的资格，到西方学习科学知识，回国后报效国家。

竺可桢担任中国科学院副院长后，依旧品行高洁，严格要求自己，做到公私分明。有一次，因为工作需要，国家给他安排了一辆吉普车。那时，吉普车是非常贵重的物品，就连很多有钱人都是求而不得的。但是他并没有接受，依旧像以前那样，每个月用一张公共汽车月票，坐公共汽车上下班；用一张北海公园入门月票，每次步行经过北海公园，细心观察那里的气候，把它记录下来。

他对自己身边的亲人要求也非常严格。竺可桢从不利用自己的身份为孩子提供便利。他还主动向国家要求减少他的工资，在没有得到同意后，他便将多余的工资作为党费捐给了国家。

勤奋篇

子曰：『默而识之，学而不厌，诲人不倦，何有于我哉？』

——《论语》

孔子说：『把所学的知识默默地记在心中，勤奋学习而不满足，教导别人而不倦怠，对我来说，还有什么遗憾呢？』

家训警句

珍惜光阴，读书作人

——王修家训警句

人之居世，忽去便过，日月可爱也。故禹不爱尺璧[①]，而爱寸阴，时过不可还，若年大不可少[②]也。欲汝早之，未必读书，并学作人。

——《诫子书》

注释：

① 尺璧（bì）：直径一尺的璧玉。

② 少（shào）：变小。

知识链接

王修（xiū），字叔治，东汉末年北海郡营陵（今山东省昌乐县）人，先后侍奉孔融、袁谭、曹操。为人正直，治理地方时抑制豪强、赏罚分明，深得百姓爱戴，官至大司农郎中令。

王修的《诫子书》是写给在外地求学的儿子的。家书的主要内容之一就是教育儿子要珍惜时间，爱日以学。教育儿子要学习做人，言行要谨慎，注意身体。

选文的大意是：人生在世，很容易过去，所以时间非常宝贵。

大禹不爱直径一尺的玉璧而爱很短的光阴，是因为时间一过就不会回来，如同年纪大了不能变为少年一样。盼望你早有作为，不光是要读好书，并且要学做人。

新时代家风启示

一寸光阴一寸金。我们必须树立科学的时间观，把时间花在有意义的事情上。我们在学习之余，可以培养一些有益的兴趣和爱好；可以和父母聊天，加强感情交流；可以走进大自然，学习大自然的智慧；可以参加体育锻炼，保持充沛的精力和健壮的体格。时间是无情的，我们要做到无怨无悔。

成长路上有陡坡，奋力前行收获多。
若在半途有松懈，不进则退白忙乎。

开窍小故事

司马光的“警枕”

司马光是北宋著名的史学家,也是非常有名的政治家和散文家。他小的时候非常好学，为了使自己一直勤奋读书，便做了一个“警枕”，用来时刻告诫自己刻苦读书。

他的这个“警枕”用圆木头做材料，因为被打磨得很平整，睡时轻轻用力它就会滚动。这种枕头一看就不好用，于是他的家人便问司马光，为什么要做这样一个枕头。司马光告诉他们:“这是为了时刻警醒自己刻苦读书。”原来司马光觉得自己不能浪费时光，所以他用这个枕头提醒自己，睡一小会儿就要起来读书。

战国时期有苏秦锥刺股，东汉时期有孙敬头悬梁，古人这般努力读书，司马光觉得应该向他们学习。因此，他便依照苏秦锥刺股和孙敬头悬梁的做法，为自己做了一个“警枕”。

淡泊明志，宁静致远

——诸葛亮家训警句

夫君子之行，静以修身，俭以养德。非淡泊无以明志，非宁静无以致远。夫学须静也，才须学也。非学无以广才，非志无以成学。淫[①]慢则不能励精[②]，险躁则不能冶性[③]。年与时驰，意与日去，遂成枯落，多不接世[④]，悲守穷庐[⑤]，将复何及！

——《诫子书》

注释：

① 淫（yín）：放纵。
② 励精：振奋精神。
③ 冶性：陶冶性情。
④ 接世：接触世事。
⑤ 穷庐：简陋的房舍。

知识链接

诸葛亮，字孔明，号卧龙（也作伏龙），徐州琅琊阳都（今山东省临沂市沂南县）人，三国时期蜀汉丞相，杰出的政治家、军事家、

外交家、文学家、书法家、发明家。曾发明木牛流马、孔明灯等，并改造连弩，叫诸葛连弩。

《诫子书》是三国时期政治家诸葛亮临终前写给他儿子诸葛瞻的一封家书。从中可以看出，诸葛亮是一位品格高洁、才学渊博的父亲，对儿子的殷殷教诲与无限期望尽在此书中。

选文的大意是：君子的行为操守，以宁静来提高自身的修养，以节俭来培养自己的品德。不恬静寡欲无法明确志向，不排除外来干扰无法达到远大目标。学习必须静心专一，而才干来自学习。所以，不学习就无法增长才干轻浮，没有志向就无法使学习有所成就。放纵懒散就无法振奋精神，轻浮急躁就不能陶冶性情。年华随时光而飞驰，意志随岁月而流逝。最终就会像树叶一样枯败零落，成为无所作为的人，对社会无用，等到悲凉地坐守着穷困的小屋时，即使悔恨也来不及了。

新时代家风启示

淡泊以明志，宁静以致远。静是一种境界，能使人心明神清。现代生活中灯红酒绿、歌舞喧嚣，处处充满了诱惑。这就要求我们内心平静，神情淡定，以一种坦然的心态对待人和事，摒弃一切杂念，排除外界干扰，修平常心，做干净人，做有益事。

处事如同垂钓竿，鱼戏水中人在岸。
一心只待微波起，飞鸟横舟不相干。

开窍小故事

江泌追月读书

南北朝时，有一个叫江泌的人，他是穷苦人家的孩子。等他到了上学的年龄时，身边的孩子们都去了学堂，但是他因为家里非常穷困，没有条件去上学。不仅如此，江泌白天还要去帮别人做木鞋底，用赚来的钱维持家里的生活。虽然条件艰难，但是江泌并没有放弃。他白天干活，把卖木鞋底的摊子摆到学堂旁边，这样他可以一边卖木鞋底，一边偷偷地学习。

他恨不得日夜看书，但是家里没有钱买油灯和蜡烛，晚上一直没有机会读书。有一天，他发现月光非常明亮，就借着月光起来看书。从那以后，每当月明之夜，他便追随着月光看书。当屋子挡住了月光的时候，他便跟着月光走，月光到哪他也到哪。月上中天的时候，屋顶的月光最亮，于是他便顺着月光爬到屋顶上继续看书，如痴如狂。

欲得真知，须学古人

——颜之推家训警句

古人勤学，有握锥投斧，照雪聚萤，锄则带经，牧则编简，亦为勤笃[①]。梁世彭城刘绮，交州刺史[②]勃之孙，早孤家贫，灯烛难办，常买荻[③]尺寸折之，然明夜读。

——《颜氏家训》

注释：

① 勤笃（dǔ）：勤奋专一。
② 刺史：又称刺使，古代职官。
③ 荻（dí）：为禾本科，属多年生草本植物。

知识链接

颜之推，生活年代在南北朝至隋朝期间。中国古代文学家、教育家。颜之推所著《颜氏家训》的主要内容是关于立身、治家、处事、为学的经验总结，在中国传统的家庭教育史上影响巨大，被誉为“家教规范”。

选文的大意是：古人勤学，有握锥投斧、映雪聚萤之举，做农活带着经书，放牧也要编书，这是勤奋。梁朝彭城的刘绮，是交州刺史刘勃的孙子，从小死了父亲，家境贫寒无钱购买灯烛，就买来荻草，把它的茎折成尺把长，点燃后照明夜读。

新时代家风启示

现代社会发展得很快，我们很多人都渐渐淡忘了前人遗留下来的优秀传统。中华文明绵延几千年，其根脉就在于我们的优秀传统文化。因此，青少年要多读书，读好书，从国学中了解中华优秀传统文化，学习古人的智慧，了解中华的辉煌历史，并在新的历史时期将其发扬光大。

中华文明五千年，古风今韵成一联。
传承光大靠我辈，中国精神永向前。

开窍小故事

沈峻以杖自省

梁朝有一个叫沈峻的人，他从小非常好学，但由于生于农民家庭，父辈没有文化，无人引导。家人为了光宗耀祖送他去读书，沈峻格外珍惜这来之不易的机会，白天听先生讲课，晚上熬夜学习。为了警醒自己不浪费时间，他一困倦便用板子狠狠抽打自己的手心，然后继续读书。

沈峻离开学堂后，开始到外面讲学。因为没有名气，沈峻碰了很多壁，吃了一些亏。久而久之，他的才学慢慢地被越来越多的人知道了，名气也越来越大。他讲书讲得非常精彩，尤其是战国时期的著作《周官》，也就是《周礼》，他能直入精髓。在当时，《周礼》一度处于失传的状态。沈峻熟读《周礼》，并且有自己独到的看法，他开坛讲学，让《周礼》流传于世。

沈峻讲学的事被吏部官员陆倕知道了，于是陆倕便向皇帝推荐沈峻。那时，沈峻已经自学了“五经”，擅长讲解“三礼”。无论是学识还是见解，都已经达到一定的境界了。于是皇帝任命他为五经博士，让他为国效力。

读书上进，第一要务

——赵武孟家训警句

赵武孟初以驰骋[①]田猎为事，尝获肥鲜[②]以遗母。母泣曰："汝不读书而田猎，如是，吾无望矣。"竟不食其膳。武孟感激勤学，遂博通经史，举进士，官至右台侍御史。

——《续世说》

注释：

① 驰骋（chíchěng）：骑马奔跑。
② 肥鲜：肥美新鲜的食物。

知识链接

赵武孟，唐代张掖人，喜欢打猎，不爱读书。

《续世说》是孔平仲创作的中国史类书籍。孔平仲，生于北宋庆历四年（1044 年），字毅父，今四川省峡江县罗田镇西江村人。

选文的大意是：赵武孟起初专门打猎，他将所获的猎物，挑鲜肥的烹调后给母亲吃。母亲不仅不吃他送来的佳肴，反而哭着说："你不好好读书而只知道打猎，不思进取，我还有什么希望呢？"武

孟看到母亲为他的作为伤心，从此发奋勤学，后来考中进士。初任长安丞，后升为右台侍御史。

新时代家风启示

当前，还有一些人认为“读书无用”。其实我们要明白，书是人类智慧的结晶，是传承历史文明的载体。它既能教会我们科学技术，提高我们的劳动技能，又能使我们从前人或他人那里吸取教训，获得宝贵经验。不是读书无用，而是看读什么书。我们不仅要读有知识的书，还要读有智慧的书。

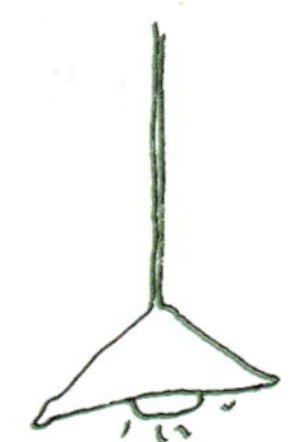

三更灯火五更鸡，读书莫错好时机。
多读好书终受益，三俗读物要远离。

开窍小故事

梁元帝焚书

梁元帝，即萧绎，字世诚，小字七符，自号金楼子，南兰陵（今江苏省常州市）人。

史书记载，梁元帝“性好书”，常令左右读书，昼夜不绝。即使熟睡，也卷不离手。

承圣三年（554 年）十一月，西魏围攻江陵，梁元帝在晚上巡城时，犹不忘读书。城陷，元帝入东阁竹殿，命亲信焚烧平生所搜集的古今图书十四万卷。并且打算自己跳入火中自杀，宫人左右阻止了他。

他为什么焚书？他说：“读书破万卷，犹有今日，故焚之。”

梁元帝始终沉迷于书本，继则却又将书全部焚烧，难道是读书无用吗？

不然。他之所以焚书，是因为抗争。

梁元帝焚书是在个人陷入绝望境地而做的非理智之举，与秦、清等朝代的愚民焚书有本质区别，因此我们对此举应采取宽容的态度。

家训警句

终身学习，旨在修身

——叶梦得家训警句

吾二年来，目力极昏，看小字甚难，然盛夏帐中，亦须读数篇书，至极困乃就枕，不尔胸次歉然[2]，若有未了事，往往睡亦不美，况昼日[3]乎！

——《石林家训》

注释：

① 歉然：不满足，惭愧。

② 昼（zhòu）日：白天。

知识链接

叶梦得，宋代词人。字少蕴。江苏省苏州市吴县人。

《石林家训》是南宋家训的突出代表，其修身、尽忠、尽孝、治学、谨言的家训传承千年，影响了一代又一代桐溪叶氏后代子孙，孕育了后世无数精英。《石林家训》精要而深刻，内容涉及勉学、治家、慈孝等方面。

选文的大意是：两年以来，我眼睛视力极为模糊，看小字很困难，然而盛夏季节在蚊帐里也必须读几篇文章，直到极为困倦，不那样的话心里感到惭愧。如有事没有完成，睡都睡不好，更何况白天！

新时代家风启示

活到老，学到老。这是古训。我们应该树立终身学习的理念，不仅要学好书本上的理论知识，还要学习社会经验；不仅要亲自体验生活，深入大众，学习实践知识，还要多读书，读好书，这样才能快速提升自己的综合素质，提高理性思维能力。

活到老时学到老，思想跟着时代跑。
行尸走肉虚度日，白在世上走一遭。

郑虔柿叶练字

郑虔，字趋庭，又字若齐，唐代都畿道郑州荥阳县人，著名文学家、诗人、书画家，精通经史、天文、地理、博物、兵法、医药，“诗圣”杜甫称赞他“荥阳冠众儒”“文传天下口”。

郑虔幼年时居住在长安，生活非常贫苦，吃饭穿衣都是个大问题，更别说买纸练字了。他听说长安的慈恩寺里有许多柿叶，他想应该可以拿柿叶当纸来练字。于是，他便到慈恩寺里去找和尚租了一间屋子住下来。院子里到处都是飘落的柿叶，虽然很杂乱，但是他越看越高兴。

郑虔每日都拿柿叶来练字，有时练得兴起，连饭都顾不上吃。他所住的屋子很老旧，雨天的时候还漏雨，但他全然不顾，找一个稍干的地方继续读书练字。就这样日积月累，院子里的柿叶全部被他用完了，上面全部写满了字。最终，他成了一个书法大家。

不勤不劳，万事不举

——吕本中家训警句

《左传》亦言：民生在勤，勤则不匮[①]。以此知勤劳者立身为善之本，不勤不劳，万事不举[②]。今夫细民能勤劳者，必无冻馁[③]之患，虽不亲人，人亦任之；常懒惰者，必有饥寒之忧，虽欲亲人，人不用也。

——《童蒙训》

注释：

① 匮（kuì）：缺乏。

② 不举：不举办，不进行，这里指没做成。

③ 冻馁（něi）：寒冷饥饿，受冻挨饿。

知识链接

吕本中，字居仁，世称东莱先生，祖籍莱州，寿州（今安徽省凤台县）人，南宋诗人、词人、道学家。

《童蒙训》以吕本中的曾祖父吕公著、祖父吕希哲、父亲吕好问为主线，汇集了颂扬其祖辈长处的点滴事件及言论。

吕本中编写《童蒙训》的宗旨是为了光宗耀祖，使祖宗的德业能流芳千古，并以此勉励自己的后人。书中颂扬的是儒家提倡的正统思想，其中不乏闪光的真理成分，值得我们借鉴。

选文的大意是：《左传》也说，民生在勤，勤则不匮。勤劳是立身之本，不勤劳，什么事都做不成。凡是勤劳肯干的，都不会受冻挨饿，即使他不善于与人打交道，人们也信任他。反之，懒惰之人就有可能挨冻受饿，即使他很会套近乎，人们也不会用他。

新时代家风启示

勤劳是中华民族的传统美德。劳动是艰辛的，也是享受的。劳动创造一切，只有经过自己的劳动所得的成果，才是最珍贵的。习近平主席在2018年新年贺词中说：“幸福都是奋斗出来的。”幸福不会从天而降，坐而论道不行，坐享其成更不可能。要创造美好生活、得到幸福，必须不懈奋斗。

劳动打拼心不慌，只因志向在前方。
世上本无轻易事，一份付出一分光。

开窍小故事

少年诸葛亮求学

诸葛亮少年时代从学于水镜先生司马徽。诸葛亮学习刻苦，勤于用脑，不但司马徽赏识他，连司马徽的妻子对他也很器重。

那时，还没有钟表，计时用日晷。遇到阴雨天没有太阳，为了计时，司马徽训练公鸡按时鸣叫，办法就是定时喂食。为了学到更多的东西，诸葛亮想让先生把讲课的时间延长一些，但先生总是以鸡鸣叫为准。于是诸葛亮想了一个办法：上学时带些粮食装在口袋里，估计鸡快叫的时候，就喂它一点粮食，鸡一吃饱就不叫了。

过了一些时候，司马先生感到奇怪，最后发现是诸葛亮在鸡快叫时给鸡喂食。先生开始很恼怒，转而还是被诸葛亮的好学精神所感动，对他更关心、更器重，对他的教育也就更毫无保留了。

通过努力，诸葛亮终于成为一个上知天文、下识地理的饱学之人。

继长改短，笃实自强

——许衡家训警句

汝当继我长处，改我短处，汝果能笃实[①]，果能自强。我虽贵显云云，适足[②]祸汝，万宜[③]致思。

——《许鲁斋集》

注释：

① 笃（dǔ）实：忠诚老实，实在，坚实。

② 适足：恰恰足以。

③ 宜：应该。

知识链接

许衡，字仲平，号鲁斋，世称“鲁斋先生”。怀庆路河内县（今河南省沁阳市）人，金末元初著名理学家、教育家。他要求儿子勤奋学习，居安思危，不要因为今日的富贵而骄惰散漫，应该踏踏实实地进取，做一个自强、自立的人。

选文的大意是：你应当继承我的长处，改正我的短处，忠诚老实，自强自立。现在虽然我官位高贵，显赫一时，但这也许会给你招来祸患，你千万应该多想想这一点。

新时代家风启示

实现中国梦，少年当自强，自强先自立。

青少年朋友首先要学会自我独立，在学习、生活中自己想办法克服困难，遇事独立思考。其次应学会自强，不过分依赖父母打拼、积攒下来的家业，也不依仗父母的身份、地位和影响炫耀自己的与众不同。新时代的青少年应该是一缕沁人心脾的阳光，是一棵破土而出的坚韧幼苗，是社会主义现代化事业未来的建设者和接班人。

中国梦助中国强，我辈全是好栋梁。
少年立志高深远，切莫依仗睡温床。

刘荫枢修桥

康熙年间，贵州巡抚刘荫枢告老回乡后，想用一生的积蓄为家乡建一座桥。但是子女反对他：“您当了一辈子高官，我们却没沾到一点光，好容易盼到您回家，您却如此不顾我们。”

刘荫枢很伤心，他觉得自己虽然一生清白，但忽视了对子女的教育。

最终，他用尽积蓄，历时五年，修成大桥，取名“毓秀桥”。桥修好后，他对子女说：“我用全部积蓄修桥，就是想用事实告诉你们，自己的路自己走，自己的生活自己创，靠天、靠地不如靠自己。”为了彻底消除孩子们依赖父母的心理，他以十五两白银的价钱把桥卖给了官府。

刘荫枢的所作所为深深地打动了他的子女。他的孩子日后都成了对国家有用的人。

修身齐家，皆非空言

——邓淳家训警句

世俗之学，所以与圣贤不同者，亦不难见。圣贤直是真个去做，说正心，直要心正；说诚意，直要意诚；修身齐家，皆非空言。今之学者说正心，但将正心吟咏一晌[①]；说诚意，又将诚意吟咏一晌；说修身，又将圣贤许多说修身处讽诵而已。或掇拾[②]言语，缀缉[③]时文。如此为学，却于自家身上有何交涉？

——《朱子语类》

注释：

① 晌（shǎng）：一会儿。
② 掇拾（duōshí）：拾掇，拾取。
③ 缀缉（zhuìjī）：亦作“缀辑”，编辑。

知识链接

邓淳，字粹如，号朴庵，清朝广东省东莞市茶山镇人。邓淳生长在书香家庭，自幼受到很好的文化教养。他好读书，亦爱藏书，遇善本佳椠，不惜重资购回。父亲死后，家道逐渐衰落。

朱熹，字元晦，后改仲晦，号晦庵，别号紫阳，祖籍徽州婺源（今属江西），南宋著名理学家、思想家、诗人、教育家。

《朱子语类》是朱熹与其弟子问答的语录汇编，基本代表了朱熹的思想，内容丰富，析理精密。

选文的大意是：世俗之人的学问之所以和圣贤有所不同，是因为圣贤们是真正地去做了学问的。说要端正心思，就真正去端正心思；说要诚心诚意，就真的做到诚心诚意。

新时代家风启示

空谈误国，也误人。这是我们必须谨记的。有的人说起自己的打算来口若悬河，但迟迟不见实际行动；有的人计划做得详细周到，但落实起来大打折扣，敷衍塞责。我们常说，不经一番风霜苦，哪得梅花扑鼻香？大凡事业有成的人，都经历了一个脚踏实地的拼搏过程。因此，不要空谈，行动起来，做了再说，做好了再说！

立身成事忌空谈，口若悬河四肢懒。
光鲜背后风霜苦，事业发达靠实干。

路温舒抄书

路温舒，字长君，西汉河北省广宗县人。

他幼年家贫，没有条件读书，每日为他人放羊。听着学堂里的读书声，他梦想着自己可以一边放羊一边读书。但是这不可能实现，因为那时的书籍都是用竹木削成片，然后编在一起做成的，价格非常昂贵，路温舒根本买不起。

在一次放羊时，路温舒发现了一种蒲草，蒲草的宽度、厚度，还有它的韧性都非常适合用来抄书。于是，路温舒便采集了一大堆蒲草回家，并且细心地将蒲草加工处理，编在一起做成蒲草书。他到别人那里借来书，把书的内容抄在蒲草上，外出放羊时把其带在身上，一边放羊一边看。

路温舒就这样积累了丰富的学识。尤其对历代的法律制度有极深的研究，后来成为一个有名的法学家。

参考文献

[1] 郑春山. 成功之道——中外名人素质分析报告[M]. 北京：中国言实出版社，1999.

[2] 姬爽，旅人. 中华五千年典故趣事精粹[M]. 呼和浩特：内蒙古人民出版社，1998.

[3] 华欣，等. 国魂——中华美德汇典[M]. 北京：解放军出版社，1996.

[4] 许嘉璐. 中华史画卷[M]. 海口：南方出版社，1996.

[5] 范思奇. 私家藏书[M]. 北京：中国戏剧出版社，1999.

[6] 严华，晓林. 中华智慧宝库[M]. 北京：中国国际广播出版社，1993.

[7] 李茂旭. 中华传世家训[M]. 北京：人民日报出版社，1998.

[8] 谢凯军. 新四书五经[M]. 延吉：延边人民出版社，1999.

[9] 张鸣，丁明. 中华大家名门家训[M]. 呼和浩特：内蒙古人民出版社，1999.